新食品原料及特征分析

主 编 杨 宪 张 雪

U0347916

科学出版社

北京

内 容 简 介

　　本书从有关新食品热点问题出发，介绍了新食品原料分类、概述、中英文名称、基本信息、生产工艺等相关内容，对新食品有关的政策法规、新食品原料及相关特征进行了阐述和分析。此外，列出了预包装食品标签通则，并将历年来卫生主管部门对新食品原料的有关说明、通知、公告、批复、复函等文件内容，以原文件格式列出。

　　本书可供高等院校食品相关专业师生阅读，也可供从事新食品开发和生产的人员参考使用。

图书在版编目（CIP）数据

新食品原料及特征分析 / 杨宪，张雪主编. —北京：科学出版社，2018.2

　ISBN　978-7-03-056542-6

　Ⅰ.①新…　Ⅱ.①杨…②张…　Ⅲ.①食品–原料–质量控制–研究–中国　Ⅳ.①TS202.1

　　中国版本图书馆 CIP 数据核字（2018）第 025815 号

责任编辑：康丽涛 / 责任校对：张小霞

责任印制：徐晓晨 / 封面设计：龙　岩

科 学 出 版 社 出版

北京东黄城根北街 16 号

邮政编码：100717

http://www.sciencep.com

北京厚诚则铭印刷科技有限公司 印刷

科学出版社发行　各地新华书店经销

*

2018 年 3 月第　一　版　　开本：890×1240　1/32

2020 年 7 月第三次印刷　　印张：3

字数：107 000

定价：30.00 元

（如有印刷质量问题，我社负责调换）

《新食品原料及特征分析》编写人员

主　编　杨　宪　张　雪

主　审　谯志文

副主编　杨善彬　戴传云　赵正武　谭　君　王伯初

编　者（以姓氏汉语拼音排序）

陈义娟　重庆师范大学

戴传云　重庆科技学院

况　刚　重庆第二师范学院

简　伟　重庆大学

兰作平　重庆医药高等专科学校

乐　涛　重庆师范大学

刘万钱　重庆大学

谯志文　重庆希尔安药业有限公司

谭　君　重庆第二师范学院

唐　倩　重庆医药高等专科学校

史沁芳　重庆师范大学

孙　琦　重庆师范大学

王伯初　重庆大学

吴叶宽　重庆第二师范学院

杨　宪　重庆师范大学

杨善彬　重庆师范大学

张　磊　重庆师范大学

张　雪　重庆医药高等专科学校

赵正武　重庆师范大学

前　　言

  2013年7月《新食品原料安全性审查管理办法》的出台，标志着我国实行近30年的新资源食品制度发展成为了新食品原料制度。怎样把握由新资源食品到新食品原料的制度变迁，从而在了解新食品制度内容的基础上，做出更为积极、全面的应对措施，已成为我国食品行业共同面临和需要解决的首要问题。为了加深对新食品原料的理解，更好地了解新食品原料的特征，我们组织编写了《新食品原料及特征分析》一书。本书主要以中华人民共和国国家卫生和计划生育委员会(国家卫生计生委，包括原卫生部)批准的新食品原料(新资源食品)及相关政策文件为编写依据，供高等院校、从事新食品行业的专业技术人员使用或参考。

  本书第一章为有关新食品热点问题的解答。第二章至第八章，依据国家卫生计生委官方资料，按照原料属性分别将新食品原料归为盐类、蛋白质类、糖类、脂类、动物类、植物类和微生物类，从概述和各新食品原料的中文名称、英文名称、基本信息、生产工艺、食用量、质量要求及其他需要说明的情况等方面，尽可能地全面介绍各新食品原料的相关内容。新食品有关的政策法规主要有《中华人民共和国食品安全法》、《新食品原料安全性审查管理办法》、《新食品原料申报与受理规定》和《新食品原料安全性审查规程》。第九章至第十三章内容为电子出版资源，其中第九章至第十一章分别列出相关最新政策、法规原文。第十二章列出预包装食品标签通则。因为，含有新食品原料的产品标签标识应当符合国家法律、法规、食品安全标准和国家卫生计生委公告要求；如有不适宜人群和食用限量应标示；要符合预包装食品标签的一般要求。第十三章为原卫生部和国家卫生计生委说明、通知、公告、批复、复函等文件内容。

  由于编者水平有限，编写时间仓促，不当和疏漏之处在所难免，恳请广大读者在使用中提出宝贵意见，以便进一步修订。

本书的编写和顺利出版得到重庆师范大学活性物质生物技术教育部工程研究中心、重庆高校生物活性物质工程研究中心、重庆第二师范学院三峡库区药用资源重庆市重点实验室、重庆高校创新团队建设计划（CXTDX201601018）和重庆市特色作物资源工程技术研究中心支持和帮助，在此表示感谢！

编 者

2017 年 8 月

目　　录

第一章 绪 论

1987年，卫生部颁布了《食品新资源卫生管理办法》，这是我国首次颁布有关新资源食品的管理办法。1990年，卫生部修订颁布第二个版本《新资源食品卫生管理办法》。2007年7月，卫生部依据《食品卫生法》制定公布了《新资源食品管理办法》，并于同年12月1日起施行。2009年6月《食品安全法》正式实施，根据《食品安全法》及其实施条例规定，国家卫生行政部门负责新食品原料的安全性评估材料审查。按照国务院关于清理部门规章的要求，为规范新食品原料安全性评估材料审查工作，国家卫生和计划生育委员会（以下简称国家卫生计生委）将原卫生部依据《食品卫生法》制定的《新资源食品管理办法》修订为《新食品原料安全性审查管理办法》。《新食品原料安全性审查管理办法》是在征求各有关部门及省级卫生行政部门意见的基础上进行了修改完善，并报送国务院法制办在其网站公开征求了意见。国家卫生计生委公布《新食品原料安全性审查管理办法》，自2013年10月1日起施行，卫生部2007年12月1日公布的《新资源食品管理办法》同时废止。

针对新公布的《新食品原料安全性审查管理办法》，本书对部分问题进行了解答。

一、什么是新食品

新食品一般是指用新食品原料生产的或包含有新食品原料，并以其中的标志性成分为特征的食品。

二、什么是新食品资源

所有新食品原料和添加了新食品原料的产品统称新食品资源。

三、新食品原料有哪些特征

《新食品原料申报与受理规定》第三条，新食品原料应当具有食品原料的特性，符合应当有的营养要求，且无毒、无害，对人体健康不造成任何急性、亚急性、慢性或者其他潜在性危害。

符合上述要求且在我国无传统食用习惯的以下物品属于新食品原料的申报和受理范围：

（一）动物、植物和微生物；

（二）从动物、植物和微生物中分离的成分；

（三）原有结构发生改变的食品成分；

（四）其他新研制的食品原料。

四、修订《新食品原料安全性审查管理办法》的指导思想是什么

（一）贯彻落实《食品安全法》对新食品原料管理的要求，明确新食品原料许可职责、程序和要求。

（二）体现依法行政的理念，保证许可工作公平、公正、公开、便民，提高效率。

（三）坚持管理制度衔接和延续性。

五、《新食品原料安全性审查管理办法》修订解决了什么问题

（一）修改了新食品原料定义、范围，进一步规范了新食品原料应当具有的食品原料属性和特征。新资源食品的名称是《食品卫生法》中提出的，为与《食品安全法》相衔接，将"新资源食品"修改为"新食品原料"。

（二）进一步明确了研发新食品原料的目的。考虑到科学技术发展，今后还会有其他新研制的食品原料，修改了新食品原料定义、范围，进一步规范了新食品原料应当具有的食品原料属性和特征，避免一些不具备食品原料特征的物品申报新食品原料。

（三）规定了国家卫生计生委卫生监督中心承担新食品原料安全性评估材料的申报受理和组织开展技术评审，具体程序按照《行政许可法》、《卫生行政许可管理办法》有关规定执行。

（四）增加了新食品原料受理后即向社会征求意见的程序。

（五）补充并完善了新食品原料现场核查要求。

（六）增加了新食品原料申请人隐瞒造假处理条款。申请人隐瞒有关

情况或者提供虚假材料申请新食品原料许可的，申请人在一年内不得再次申请该新食品原料许可。

六、《新食品原料安全性审查管理办法》修订的主要内容有哪些

（一）修改《办法》名称。将《新资源食品管理办法》修订为《新食品原料安全性审查管理办法》。

（二）修订新食品原料定义和范围。新食品原料是指在我国无传统食用习惯的以下物品：动物、植物和微生物；从动物、植物和微生物中分离的成分；原有结构发生改变的食品成分；其他新研制的食品原料。新食品原料不包括转基因食品、保健食品、食品添加剂新品种，上述物品的管理依照国家有关法律法规执行。

（三）取消生产经营和卫生监督相关内容。按照《食品安全法》规定，国家卫生计生委不再承担食品安全的具体监管任务，《办法》将涉及生产经营和卫生监督相关内容取消。

（四）增加向社会征求意见程序。受理新食品原料申请后，向社会公开征求意见，在不涉及企业商业机密的前提下，公开其生产工艺及执行的相关标准等。

（五）规定新食品原料现场核查要求。对需要进行现场核查的，组织专家对新食品原料研制及生产现场核查并出具现场核查意见，省级卫生监督机构应当予以配合。同时还规定参加现场核查的专家不参与该产品安全性评估材料的审查表决。

七、哪些情形不属于新食品原料的申报范围

（一）不具有食品原料特性。

（二）已列入食品安全国家标准《食品添加剂使用标准》（GB2760）、《食品营养强化剂使用标准》（GB14880）的。

（三）国家卫生计生委已作出不予行政许可决定的。

（四）其他不符合有关法律、法规规定和新食品原料管理要求的。

八、新食品原料、普通食品怎样界定与管理

（一）根据《食品安全法》及其实施条例规定，国家卫生行政部门负

责新食品原料的安全性评估材料审查。为规范新食品原料安全性评估材料审查工作，国家卫生计生委将原卫生部依据《食品卫生法》制定的《新资源食品管理办法》修订为《新食品原料安全性审查管理办法》（2013年国家卫生计生委主任第 1 号令）并于 2013 年 10 月 1 日正式实施。

《新食品原料安全性审查管理办法》规定，新食品原料是指在我国无传统食用习惯的以下物品：动物、植物和微生物；从动物、植物和微生物中分离的成分；原有结构发生改变的食品成分；其他新研制的食品原料。属于上述情形之一的物品，如需开发用于普通食品的生产经营，应当按照《新食品原料安全性审查管理办法》的规定申报批准。

对符合《新食品原料安全性审查管理办法》规定的有传统食用习惯的食品，企业生产经营可结合该办法，依照《食品安全法》规定执行。

（二）卫生部于 2002 年发布《关于进一步规范保健食品原料管理的通知》（卫法监发〔2002〕51 号），公布《既是食品又是药品的物品名单》中的物品，可用于生产普通食品；于 2010 年公布《可用于食品的菌种名单》（卫办监督发〔2010〕65 号）中的菌种可用于生产普通食品。

（三）卫生部 1998 年下发《关于 1998 年全国保健食品市场整顿工作安排的通知》（卫监法发〔1998〕第 9 号），将新资源食品油菜花粉、玉米花粉、松花粉、向日葵花粉、紫云英花粉、荞麦花粉、芝麻花粉、高粱花粉、魔芋、钝顶螺旋藻、极大螺旋藻、刺梨、玫瑰茄、蚕蛹列为普通食品管理。

（四）已经公告批准的新食品原料（新资源食品）名单，请访问国家卫生计生委网站"政务信息"栏目查阅。

九、普通食品、保健食品原料怎样界定与管理

（一）卫生部于 2002 年发布《关于进一步规范保健食品原料管理的通知》，（卫法监发〔2002〕51 号）公布了《可用于保健食品的物品名单》和《保健食品禁用物品名单》。保健食品原料的具体管理规定，请参照该通知。国家食品药品监督管理总局另有规定的从其规定。

（二）卫生部 2007 年、2009 年分别发布《关于"黄芪"等物品不得作为普通食品原料使用的批复》（卫监督函〔2007〕274 号）、《关于普通食品中有关原料问题的批复》（卫监督函〔2009〕326 号）规定，卫生部

2002 年公布的《可用于保健食品的物品名单》所列物品仅限用于保健食品。除已公布可用于普通食品的物品外,《可用于保健食品的物品名单》中的物品不得作为普通食品原料生产经营。如需开发《可用于保健食品的物品名单》中的物品用于普通食品生产,应当按照《新食品原料安全性审查管理办法》规定的程序申报批准。对不按规定使用《可用于保健食品的物品名单》所列物品的,应按照《食品安全法》及其实施条例的有关规定进行处罚。

(三)根据《国务院办公厅关于印发国家食品药品监督管理总局主要职责内设机构和人员编制规定的通知》(国办发〔2013〕24 号),保健食品的监督管理(含审批的)由国家食品药品监督管理总局负责。有关保健食品生产经营的问题,请向国家食品药品监督管理总局咨询。

十、新食品原料可以转为普通食品吗

新食品原料可以转为普通食品,但要有国家卫生计生委的公告批准。

十一、新食品原料为什么会有食用限量呢

(一)随着食品工业的发展,新食品原料不再是传统上理解的仅提供营养素的食品,越来越多的动植物提取物、化学合成的对健康有益的新原料被开发出来,且这些原料在摄入一定量时即可达到对人体营养和健康有益的作用,因此,为了兼顾营养与食用安全性,对一些新的食品原料推荐了安全摄入量,即公告中的摄入量。内容包括:达到效果的一般推荐摄入量;依据安全性评估确定的人体每日摄入总量;人群膳食调查得出的安全食用量等。

(二)某种新食品原料是否有限量及限量是多少?在卫生计生委发布的新食品原料(新资源食品)公告中有明确说明。

十二、进口新食品原料是否需要审批

从国外引进的新食品原料都必须按照我国相关法规经过严格审批。按照《新食品原料安全性审查管办法》(国家卫生和计划生育委员会 2013 年第 1 号令),申报进口新食品原料要提交其所在国对产品生产销售及对生产企业审查认证的证明材料、国际组织和其他国家对该新食品原料的

安全性评估资料及批准使用和市场销售应用情况。

十三、我国新食品资源的管理文件有哪些

（一）由中华人民共和国主席习近平 2015 年 04 月 24 日签发发布的《中华人民共和国食品安全法》（主席令第 21 号）。已由中华人民共和国第十二届全国人民代表大会常务委员会第十四次会议于 2015 年 4 月 24 日修订通过，现将修订后的《中华人民共和国食品安全法》公布，自 2015 年 10 月 1 日起施行。

（二）国家卫生计生委主任李斌 2013 年 5 月 31 日签发发布的《新食品原料安全性审查管理办法》（国家卫生和计划生育委员会令第 1 号），已于 2013 年 2 月 5 日经卫生部部务会审议通过，现予公布，自 2013 年 10 月 1 日起施行。

（三）国家卫生计生委 2013 年 11 月 12 印发《新食品原料申报与受理规定》和《新食品原料安全性审查规程》。

十四、新食品资源的生产审批是如何进行的

2015 年 04 月 24 日发布《中华人民共和国食品安全法》（主席令第 21 号）第三十七条规定，利用新的食品原料生产食品，或者生产食品添加剂新品种、食品相关产品新品种，应当向国务院卫生行政部门提交相关产品的安全性评估材料。国务院卫生行政部门应当自收到申请之日起六十日内组织审查；对符合食品安全要求的，准予许可并公布；对不符合食品安全要求的，不予许可并书面说明理由。

十五、新食品原料的分类

（一）按照原料属性可将新食品原料分为不同种类：盐类、脂类、蛋白质类、糖类、微生物类、植物类、动物类等。

（二）按照加工属性可将新食品原料分为：①经初级物理加工的动物、植物；②来源于动物、植物、微生物的提取物；③采用发酵法生产的新食品原料；④因采用新工艺生产导致原有成分或结构发生改变的新食品原料；⑤新合成的新食品原料。

本书按照原料属性将新食品原料分为盐类、脂类、蛋白质类、糖类、

微生物类、植物类、动物类并分别描述。需要说明的是，如表没食子儿茶素没食子酸酯（Epigallocatechin gallate，EGCG）是从中国绿茶中提取的一种成分，它是绿茶主要的活性和水溶性成分，是茶多酚中最有效的活性成分，属于儿茶素；又如叶黄素，别名类胡萝卜素、胡萝卜醇、植物黄体素及植物叶黄素。EGCG 和叶黄素均为单一成分，在归类时，考虑到来源于植物提取而得，故归在植物类新食品原料中。而叶黄素酯是一种重要的类胡萝卜素脂肪酸酯，归类在脂类新食品原料中。同样，茶叶茶氨酸，虽来源于山茶科山茶属茶树，以茶叶为原料，经提取、过滤、浓缩等工艺制成，但考虑其是特有的游离氨基酸，是谷氨酸γ-乙基酰胺，有甜味，且茶氨酸在化学构造上与脑内活性物质谷酰胺、谷氨酸相似，故归类在蛋白质类新食品原料中。

第二章 盐类新食品原料

一、概述

已获批的盐类新食品原料有以葡萄糖为原料，经发酵制成的 1,6-二磷酸果糖三钠盐；来源于马链球菌兽疫亚种的透明质酸钠，以乳清为原料，经去除蛋白质、乳糖等成分而制成的乳矿物盐；以次氯酸钠、二丙酮醇、盐酸、乙酸乙酯、乙醇、氢氧化钙为主要原料，经氧化合成、酸化、萃取、中和反应、离心、干燥等步骤生产而成的β-羟基-β-甲基丁酸钙。

二、2008 年以来卫生主管部门公告批准的盐类新食品原料名单

序号	名称	拉丁名/英文名	备注
1	透明质酸钠	Sodium hyaluronate	2008 年 12 号公告
2	乳矿物盐	Milk minerals	2009 年 18 号公告
3	β-羟基-β-甲基丁酸钙	Calcium β- hydroxy -β- methyl butyrate （CaHMB）	2011 年 1 号公告
4	1,6-二磷酸果糖三钠盐	D-Fructose 1,6-diphosphate trisodium salt	2013 年 4 号公告

三、典型盐类新食品原料特征

（一）透明质酸钠

中文名称	透明质酸钠
英文名称	Sodium hyaluronate

续表

基本信息	来源：马链球菌兽疫亚种（Streptococus equi subsp. zooepidemicus） 结构式： 分子式：$(C_{14}H_{20}NNaO_{11})n$，n 为 200～10000 分子量：$8.02×10^4～4.01×10^6$	
生产工艺简述	以葡萄糖、酵母粉、蛋白胨等为培养基，由马链球菌兽疫亚种经发酵生产而成	
使用范围	保健食品原料	
食用量	≤200 毫克/天	
质量规格	性状	白色颗粒或粉末
	透明质酸钠含量	≥87.0%
	水分	≤10.0%
	pH	6.0～8.0
	灰分	≤13.0%
	性状	白色颗粒或粉末

（二）乳矿物盐

中文名称	乳矿物盐	
英文名称	Milk Minerals	
基本信息	来源：乳清	
生产工艺简述	以乳清为原料，经去除蛋白质、乳糖等成分而制成	
食用量	≤5 克/天	
质量要求	性状	白色粉末
	钙	23.0%～28.0%
	磷	10.0%～14.0%
	蛋白质	≤5.0%

质量要求	脂肪	≤1.0%
	乳糖	6.0%～10.0%
	灰分	70.0%～78.0%
	水分	≤6.0%
	pH（10%溶液）	6.4～7.3
其他需要说明的情况	使用范围不包括婴幼儿食品	

（三）β-羟基-β-甲基丁酸钙

中文名称	β-羟基-β-甲基丁酸钙	
英文名称	Calcium β- hydroxy -β- methyl butyrate（CaHMB）	
基本信息	结构式：$$(CH_3 \underset{\underset{CH_3}{\vert}}{\overset{\overset{OH}{\vert}}{C}} - CH_2 - \overset{\overset{O}{\Vert}}{C} - O)_2 Ca \cdot H_2O$$ 分子式：$C_{10}H_{18}O_6Ca \cdot H_2O$ 分子量：292	
生产工艺简述	以次氯酸钠、二丙酮醇、盐酸、乙酸乙酯、乙醇、氢氧化钙为主要原料，经氧化合成、酸化、萃取、中和反应、离心、干燥等步骤生产而成	
食用量	≤3 克/天	
质量要求	性状	白色粉末
	β-羟基-β-甲基丁酸	77%～82%
	钙	12%～16%
	水分	5%～7.5%
其他需要说明的情况	1. 使用范围：运动营养食品、特殊医学用途配方食品 2. 孕妇、哺乳期妇女、婴幼儿及儿童不宜食用，标签、说明书中应当标注不适宜人群和食用限量	

（四）1,6-二磷酸果糖三钠盐

中文名称	1,6-二磷酸果糖三钠盐	
英文名称	*D*-Fructose 1,6-diphosphate trisodium salt	
基本信息	来源：葡萄糖 结构式： 分子式：$C_6H_{11}Na_3O_{12}P_2 \cdot 8H_2O$ 分子量：550.17	
生产工艺简述	以葡萄糖为原料，经酿酒酵母发酵后，经过离子交换、分离、浓缩、喷干等步骤而制成	
食用量	≤300 毫克/天	
质量要求	性状	白色至类白色结晶粉末
	1,6-二磷酸果糖三钠盐	≥98%
	水分	25%～28%
其他需要说明的情况	1. 使用范围：运动饮料 2. 婴幼儿、孕妇不宜食用，标签、说明书中应当标注不适宜人群和食用限量 3. 卫生安全指标应当符合我国相关标准	

第三章　蛋白质类新食品原料

一、概述

蛋白质是一类复杂的有机化合物，是由碳（50%～55%）、氢（6%～7%）、氧（20%～23%）、氮（12%～19%）组成，一般蛋白质可能还会含有磷、硫、铁、锌、铜、硼、锰、碘、钼等。蛋白质是由 α-氨基酸按一定顺序结合形成一条多肽链，再由一条或一条以上的多肽链按照其特定方式结合而成的高分子化合物，蛋白质分子上氨基酸的序列和由此形成的立体结构构成了蛋白质结构的多样性。蛋白质具有一级、二级、三级、四级结构，蛋白质分子的结构决定了它的功能。蛋白质是构成人体组织器官的支架和主要物质，在人体生命活动中起着重要作用，可以说没有蛋白质就没有生命活动的存在。

从应用范围分析，蛋白质类新资源食品的应用范围广泛，但均不包括婴幼儿食品，其中比较特殊的是珠肽粉，它不像其他新资源食品可以添加于普通食品中，而是作为保健食品原料应用（自 2009 年开始，卫生部不再批准仅为保健食品原料的新资源食品）。

蛋白质类新食品原料包含了由动植物提取制备的蛋白质、肽及氨基酸产品。已获批的蛋白质类新食品原料有：γ-氨基丁酸等氨基酸类，水解蛋黄粉、玉米低聚肽粉等肽类，以及初乳碱性蛋白粉、牛乳碱性蛋白粉等蛋白质类。

二、2008 年以来卫生主管部门公告批准的蛋白质类新食品原料名单

序号	名称	拉丁名/英文名	备注
1	γ-氨基丁酸	Gamma aminobutyric acid	2009 年 12 号公告
2	茶叶茶氨酸	Theanine	2014 年 15 号公告

续表

序号	名称	拉丁名/英文名	备注
3	小麦低聚肽	Wheat oligopeptides	2012 年 16 号公告
4	玉米低聚肽粉	Corn oligopeptides powder	2010 年 15 号公告
5	珠肽粉	Globin peptide	2008 年 20 号公告
6	水解蛋黄粉	Hydrolyzate of egg yolk powder	2008 年 20 号公告
7	初乳碱性蛋白	Colostrum basic protein	2009 年 12 号公告
8	地龙蛋白	Earthworm protein	2009 年 18 号公告
9	牛奶碱性蛋白	Milk basic protein	2009 年 18 号公告

三、卫生主管部门以公告、批复、复函形式同意作为食品原料的蛋白质类名单

序号	名称	拉丁名/英文名	备注
1	以可食用的动物或植物蛋白质为原料，经《食品添加剂使用标准》（GB2760-2011）规定允许使用的食品用酶制剂酶解制成的物质	The substances are hydrolyzed by edible enzyme preparation of protein from edible animals or plants as raw material，and the edible enzyme preparation must be listed in "Standards for Use of Food Additives" （GB2760-2011）	2013年7号公告

四、典型蛋白质类新食品原料特征

（一）γ-氨基丁酸

中文名称	γ-氨基丁酸
英文名称	Gamma aminobutyric acid
基本信息	来源：L-谷氨酸钠 结构式：$NH_2CH_2CH_2CH_2COOH$ 分子式：$C_4H_9NO_2$ 分子量：103.12

生产工艺	以 *L*-谷氨酸钠为原料经希氏乳杆菌（*Lactobacillus hilgardii*）发酵、加热杀菌、冷却、活性炭处理、过滤、加入调配辅料（淀粉）、喷雾干燥等步骤生产而成	
食用量	≤500 毫克/天	
质量要求	性状	白色或淡黄色粉末
	γ-氨基丁酸	≥20%
	水分	≤10%
	灰分	≤18%
其他需要说明的情况	使用范围：饮料、可可制品、巧克力和巧克力制品、糖果、焙烤食品、膨化食品，但不包括婴幼儿食品	

（二）茶叶茶氨酸

中文名称	茶叶茶氨酸	
英文名称	Theanine	
基本信息	来源：山茶科山茶属茶树（*Camellia sinensis*） 结构式： 分子式：$C_7H_{14}N_2O_3$ 分子量：174.2	
生产工艺简述	以茶叶为原料，经提取、过滤、浓缩等工艺制成	
食用量	≤0.4 克/天	
质量要求	性状	黄色粉末
	茶氨酸含量（g/100g）	≥20
	水分（g/100g）	≤8
其他需要说明的情况	1. 使用范围不包括婴幼儿食品 2. 卫生安全指标应当符合我国相关标准	

（三）小麦低聚肽

中文名称	小麦低聚肽	
英文名称	Wheat oligopeptides	
基本信息	来源：小麦谷朊粉	
生产工艺简述	以小麦谷朊粉为原料，经调浆、蛋白酶酶解、分离、过滤、喷雾干燥等工艺制成	
食用量	≤6 克/天	
质量要求	性状	白色或浅灰色粉末
	蛋白质（以干基计）（g/100g）	≥90
	低聚肽（以干基计）（g/100g）	≥75
	总谷氨酸（g/100g）	≥25
	相对分子质量小于1000的蛋白质水解物所占比例（%）	≥85
	水分（g/100g）	≤7
	灰分（g/100g）	≤7
其他需要说明的情况	1. 婴幼儿不宜食用，标签、说明书中应当标注不适宜人群 2. 卫生安全指标应符合我国相关标准要求	

（四）玉米低聚肽粉

中文名称	玉米低聚肽粉	
英文名称	Corn oligopeptides powder	
基本信息	来源：玉米蛋白粉	
生产工艺	以玉米蛋白粉为原料，经调浆、蛋白酶酶解、分离、过滤、喷雾干燥等工艺生产而成的	
食用量	≤4.5 克/天	
质量要求	性状	黄色或棕黄色粉末
	蛋白质（以干基计）	≥80.0%
	低聚肽（以干基计）	≥75.0%
	AY（丙氨酸-酪氨酸）	≤0.6%

续表

质量要求	相对分子质量小于1000的蛋白质水解物所占比例	≤90.0%
	水分	≤7.0%
	灰分	≤8.0%
其他需要说明的情况	1. 婴幼儿不宜食用，标签、说明书中应当标注不适宜人群和食用限量 2. AY 为 Ala-Tyr 的缩写，即丙氨酸-酪氨酸，相对分子质量为 252.12	

（五）珠肽粉

中文名称	珠肽粉	
英文名称	Globin peptide	
基本信息	来源：猪血红细胞	
生产工艺简述	以检疫合格猪的血红细胞为原料，经黑曲霉蛋白酶酶解猪血红蛋白得到的寡肽混合物	
使用范围	保健食品原料	
食用量	≤3 克/天	
质量要求	性状	白色或淡黄色粉末
	蛋白质含量	≥85.0%
	相对分子质量100~1500的比例	≥85.0%
	VVYP 含量	≥0.5%
	粗脂肪	≤1.0%
	碳水化合物	≤10.0%
	水分	≤5.0%
	灰分	≤6.0%
其他需要说明的情况	VVYP 为 Val-Val-Tyr-Pro 的缩写，即缬氨酸-缬氨酸-酪氨酸-脯氨酸，是由这4个氨基酸组成的肽；VVYP 的分子式：$C_{24}H_{36}O_6N_4$、分子量：476.6	

（六）水解蛋黄粉

中文名称	水解蛋黄粉
英文名称	Bonepep
基本信息	来源：鸡蛋蛋黄

生产工艺简述	以鸡蛋蛋黄为原料，经蛋白酶处理、加热、离心分离、喷雾干燥等步骤生产而成	
使用范围	乳制品、冷冻饮品、豆类制品、可可制品，巧克力及其制品（包括类巧克力和代巧克力）以及糖果、焙烤食品、饮料类、果冻、油炸食品、膨化食品，但不包括婴幼儿食品	
食用量	≤1 克/天	
质量要求	性状	白色至淡黄色粉末
	蛋白质含量	≥60%
	相对分子质量 100～5000 的比例	≥75%
	粗脂肪	≤5%
	水分	≤8%
	灰分	≤10%

（七）初乳碱性蛋白

中文名称	初乳碱性蛋白粉	
英文名称	Colostrum Basic Protein	
基本信息	来源：牛初乳	
生产工艺简述	以牛初乳为原料，经杀菌、脱脂、离心分离、去除酪蛋白、α-乳白蛋白、β-乳球蛋白，微滤、超滤、冷冻干燥等工艺而制成的	
食用量	≤100 毫克/天	
质量要求	性状	乳白色粉末
	蛋白质含量	≥80%
	相对分子质量 1000～30 000 的比例	≥50%
	水分	≤7%
	灰分	≤3%
其他需要说明的情况	使用范围：乳制品、含乳饮料、糖果、糕点、冰激凌，但不包括婴幼儿食品	

（八）地龙蛋白

中文名称	地龙蛋白	
英文名称	Earthworm protein	
基本信息	来源：赤子爱胜蚓（*Eisenia foetida Savigny*）	
生产工艺简述	以地龙（蚯蚓）经挑选洗涤、水解自溶、离心分离、微滤、喷雾干燥、包装等工艺制成	
食用量	≤10 克/天	
质量要求	性状	浅黄色粉末
	蛋白质含量	≥65%
	水分	≤8.0%
	灰分	≤9.0%
	蚓激酶	不得检出
其他需要说明的情况	本产品不适宜婴幼儿、少年儿童、孕产妇、过敏体质者等人群食用，在产品的标签、说明书中应标注"婴幼儿、少年儿童、孕产妇、过敏体质者不宜食用"	

（九）牛奶碱性蛋白

中文名称	牛奶碱性蛋白	
英文名称	Milk basic protein	
基本信息	来源：鲜牛乳	
生产工艺简述	以鲜牛乳为原料，经脱脂、过滤、浓缩、去除酪蛋白等酸性蛋白、阳离子层析、冷冻干燥等工艺制成	
食用量	≤200 毫克/天	
质量要求	性状	深褐色或乳黄色粉末
	蛋白质含量	≥90%
	牛奶碱性蛋白含量	≥70%
	碳水化合物	≤5%
	水分	≤5%
	灰分	≤5%
其他需要说明的情况	使用范围不包括婴幼儿食品	

第四章　糖类新食品原料

一、概述

糖，又称为碳水化合物，是自然界存在量最大的一类化合物，是绿色植物光合作用的产物，在植物中含量可达干重的80%以上，动物体中肝糖、血糖也属于碳水化合物，约占动物干重的2%。根据糖类化学结构特征，糖类的定义是多羟基醛或多羟基酮及其衍生物和缩合物。根据水解程度，糖类分为单糖、低聚糖（寡糖）和多糖三大类。单糖是结构最简单的碳水化合物，是不能被水解为更小的糖单位。低聚糖是指能水解产生2～10个单糖分子的化合物，按水解后生成单糖分子数目，低聚糖可分为二糖、三糖、四糖等。多糖，又称多聚糖，是指单糖聚合度大于10的糖类。

糖类新食品原料单糖有 L-阿拉伯糖和塔格糖。L-阿拉伯糖以玉米芯、玉米皮等禾本科植物纤维为原料经稀酸水解、脱色、脱酸、生物发酵、分离净化、结晶、干燥得到。塔格糖以半乳糖为原料，经异构化、脱色、脱盐、浓缩、结晶等步骤制成。

糖类新食品原料以低聚糖益生元为主，益生元是指能促进益生菌生长繁殖的一类结构和性质不同的物质，它们不被或很少被宿主酶系和其他细菌酶系所分解。益生元不能直接对机体起作用，而是通过益生菌发挥生理功能。益生菌通过调理人体肠道菌群，产生一些有益物质直接起作用。益生元主要包括各种寡糖类物质或称低聚糖（由2～10个分子单糖组成）。更概括的说法是功能性低聚糖。益生元是维护人体微生态平衡的益生菌制剂的重要组成成分，对于人体健康具有积极作用，包括抑制肥胖、降低血糖、降低血脂、调节肠道菌群、润肠通便等。糖类新食品原料低聚糖有棉子低聚糖、壳寡糖、低聚木糖、低聚半乳糖、低聚甘露糖、异麦芽酮糖醇等。

多糖有多聚果糖、菊粉、酵母β-葡聚糖、蚌肉多糖、燕麦β-葡聚糖等。多聚果糖和菊粉均以菊苣根为原料，经过多步骤制得该物质。其中多聚果糖以菊苣根为原料，经提取过滤，去除蛋白质、矿物质及短链果聚糖，喷雾干燥等步骤制成多聚果糖。菊粉以菊苣根为原料去除蛋白质和矿物质后，经喷雾、干燥等步骤获得菊粉。

抗性糊精是一种膳食纤维，膳食纤维是一种多糖，它既不能被胃肠道消化吸收，也不能产生能量。因此，曾一度被认为是一种"无营养物质"而长期得不到足够的重视。然而，随着营养学和相关科学的深入发展，人们逐渐发现了膳食纤维具有相当重要的生理作用，以致在膳食构成越来越精细的今天，膳食纤维更成为学术界和普通百姓关注的物质，并被营养学界补充认定为第七类营养素，与传统的六类营养素-蛋白质、脂肪、碳水化合物、维生素、矿物质和水并列。

二、2008 年以来卫生主管部门公告批准的糖类新食品原料名单

序号	名称	拉丁名/英文名	备注
1	低聚木糖	Xylo-oligosaccharide	2008 年 12 号公告
2	L-阿拉伯糖	L-arabinose	2008 年 12 号公告
3	塔格糖	Tagatose	2014 年 10 号公告
4	棉籽低聚糖	Raffino-oligosaccharide	2010 年 3 号公告
5	壳寡糖	Chitosan oligosaccharide	2014 年 6 号公告
6	低聚半乳糖	Galacto-oligosaccharides	2008 年 20 号公告
7	低聚甘露糖	Mannan oligosaccharide（MOS）	2013 年 4 号公告
8	异麦芽酮糖醇	Isomaltitol	2008 年 20 号公告
9	多聚果糖	Polyfructose	2009 年 5 号公告
10	菊粉	Inulin	1. 2009 年 5 号公告 2. 增加菊芋来源
11	酵母β-葡聚糖	Yeast β-glucan	2010 年 9 号公告
12	蚌肉多糖	*Hyriopsis cumingii polysacchride*	2012 年 2 号公告
13	燕麦β-葡聚糖	Oat β-glucan	2014 年 20 号公告
14	落叶松阿拉伯半乳聚糖	Larch arabinogalactan	2014 年 536 号公告

三、卫生主管部门以公告、批复、复函形式同意作为食品原料的糖类名单

1	水苏糖	Stachyose	2010 年 17 号公告
2	抗性糊精	Resistant dextrin	2012 年 16 号公告
3	海藻糖	Trehalose	2014 年 15 号公告
4	黄明胶	Oxhide gelatin	"国家卫生计生委办公厅关于黄明胶、鹿角胶和龟甲胶有关问题的复函"（国卫办食品函〔2014〕570 号）

四、典型糖类新食品种类及特征

（一）低聚木糖

中文名称	低聚木糖
英文名称	Xylo-oligosaccharide
主要成分	木二糖～木七糖
基本信息	来源：小麦秸秆、玉米秸秆（玉米芯） 结构式： 分子式：$C_{5n}H_{8n+2}O_{4n+1}$，$2\leqslant n\leqslant 7$ 分子量：$132.13n+18.02$，$2\leqslant n\leqslant 7$（282.28～942.93）
生产工艺简述	以小麦秸秆或玉米秸秆为原料采用蒸汽爆破法或高压蒸煮法，经木聚糖酶酶解生产而成
食用量	≤3.0 克/天（以木二糖～木七糖计）

质量规格	性状	浅黄色黏稠状液体
	低聚木糖（木二糖～木七糖）含量（以干基计）（g/100g）	≥70.0
	木二糖～木四糖含量（以干基计）（g/100g）	≥50.0
	干物质（固形物）（g/100g）	70.0±1
	pH	3.5～6.5
	灰分（g/100g）	≤0.3
其他需要说明的情况	1. 使用范围不包括婴幼儿食品 2. 卫生安全指标应当符合我国相关标准	

（二）L-阿拉伯糖

中文名称	L-阿拉伯糖
英文名称	L-Arabinose
基本信息	来源：玉米芯、玉米皮等禾本科植物纤维 结构式： 链状结构环状结构 分子式：$C_5H_{10}O_5$ 分子量：150.13
生产工艺简述	以玉米芯、玉米皮等禾本科植物纤维为原料，经稀酸水解、脱色、脱酸、生物发酵、分离净化、结晶、干燥得到
使用范围	各类食品，但不包括婴幼儿食品

续表

质量规格	性状	白色结晶粉末
	L-阿拉伯糖含量	≥99.0%
	水分	≤1.0%
	灰分	≤0.1%
	熔点	154～158℃
	比旋光度[α]20D（C=5，H_2O，24h）	+100º～+104º

（三）塔格糖

中文名称	塔格糖	
英文名称	Tagatose	
基本信息	来源：半乳糖 结构式： 　　　　| 　　　C＝O 　　　　| HO—C—H 　　　　| HO—C—H 　　　　| H—C—OH 　　　　| 　CH₂OH 分子式：$C_6H_{12}O_6$ 分子量：180.16	
生产工艺简述	以半乳糖为原料，经异构化、脱色、脱盐、浓缩、结晶等步骤制成	
质量要求	性状	白色晶体颗粒或粉末
	塔格糖含量（g/100g）	≥98
	灰分（g/100g）	≤0.1
其他需要说明的情况	1. 使用范围不包括婴幼儿食品 2. 卫生安全指标应当符合我国相关标准	

（四）棉子低聚糖

中文名称	棉子低聚糖	
英文名称	Raffino-oligosaccharide	
主要成分	棉子糖	
基本信息	来源：棉花的种子（棉籽） 棉子糖结构式： 分子式：$C_{18}H_{32}O_{16}$ 分子量：504	
生产工艺简述	以棉籽为原料，经浸油、脱酚、提糖、脱色、快速降温、干燥粉碎等步骤获得棉子低聚糖	
食用量	≤5 克/天	
质量要求	性状	淡黄色或白色粉末
	总糖	≥70.0%
	棉子糖	≥45.0%
	水分	≤5.0%
	灰分	≤5.0%
	游离棉酚	≤10mg/kg
	溶剂残留 正己烷	≤1mg/kg
	乙醇	≤10 mg/kg
其他需要说明的情况	使用范围不包括婴幼儿食品	

（五）壳寡糖

中文名称	壳寡糖
英文名称	Chitosan oligosaccharide
主要成分	2～10 个聚合度的寡聚氨基葡萄糖

续表

基本信息	来源：壳聚糖 结构式： 分子式：$(C_6H_{11}O_4N)_n$，n 为 2～10 分子量：322～1610	
生产工艺简述	以壳聚糖为原料，经木瓜蛋白酶（或木瓜蛋白酶和纤维素酶）酶解、过滤、喷雾干燥等工艺制成	
食用量	≤0.5 克/天	
质量要求	性状	淡黄色固体粉末
	壳寡糖含量（2～10 个聚合度的寡聚氨基葡萄糖）（g/100g）	≥80%
	灰分（g/100g）	≤1%
	水分（g/100g）	≤10%
	pH	5.0～7.0
其他需要说明的情况	1. 使用范围不包括婴幼儿食品 2. 卫生安全指标应当符合我国相关标准	

（六）低聚半乳糖

中文名称	低聚半乳糖
英文名称	Galacto-oligosaccharides
基本信息	来源：牛乳中的乳糖 结构式： $CH_2OH\text{-}C_5H_5(OH)_3O\text{-}[O\text{-}C_5H_5(OH)_2O]_p\text{-}O\text{-}C_5H_5(OH)_3O\text{-}CH_2OH$ 　　　　　　　　　$|$ 　　　　　　　CH_2OH 分子式：$(C_6H_{11}O_5)_n$，n 为 2～8 分子量：300～2000

生产工艺简述	以牛乳中的乳糖为原料，经β-半乳糖苷酶催化水解半乳糖苷键，生成半乳糖和葡萄糖，并通过转半乳糖苷的作用，将水解下来的半乳糖苷转移到乳糖分子，生成低聚半乳糖	
使用范围	婴幼儿食品、乳制品、饮料、焙烤食品、糖果	
食用量	≤15 克/天	
质量要求	性状	无色透明或淡黄色糖浆
	低聚半乳糖含量（半乳低聚二糖到半乳低聚八糖）（以干基计）	≥57.0%
	无水乳糖含量（以干基计）	≤23.0%
	无水葡萄糖含量（以干基计）	≤22.0%
	干物质	74.0%～76.0%
	pH	2.8～3.8

（七）低聚甘露糖

中文名称	低聚甘露糖
英文名称	Mannan oligosaccharide（MOS）
主要成分	甘露二糖～甘露十糖
基本信息	来源：魔芋粉 结构式： 分子式：$(C_6H_{10}O_5)_n$，n 为 2～10 分子量：342.3～1639.44
生产工艺简述	以魔芋粉为原料，经半纤维素酶酶解、分离、提纯生产而成
食用量	≤1.5 克/天

续表

质量要求	性状	乳白色或淡黄色粉末（或黏稠液体）
	低聚甘露糖（甘露二糖～甘露十糖）含量（以干基计）（g/100g）	≥85
	甘露二糖～甘露六糖含量（以干基计）（g/100g）	≥50
	灰分（g/100g）	≤5
	pH	5.0～8.0
其他需要说明的情况	1. 使用范围不包括婴幼儿食品 2. 卫生安全指标应当符合我国相关标准	

（八）异麦芽酮糖醇

中文名称	异麦芽酮糖醇
英文名称	Isomaltitol
主要成分	由 α-D-吡喃葡萄糖基-1,6-山梨醇（GPS）和 α-D-吡喃葡萄糖基-1,1-甘露醇（GPM）以大致相同的比例组成的混合物
基本信息	来源：白砂糖 结构式： （GPS）　　　　　　　（GPM） 分子式：GPS $C_{12}H_{24}O_{11}$　GPM $C_{12}H_{24}O_{11} \cdot 2H_{20}$ 分子量：GPS 344.32　GPM 380.32
生产工艺简述	以白砂糖为原料，经蔗糖异构酶转化产生异麦芽酮糖，异麦芽酮糖溶液经催化生成异麦芽酮糖醇溶液；然后经过脱色、过滤、离子交换工艺去杂质，得到澄清透明的异麦芽酮糖醇溶液；再经浓缩、固化、结晶造粒、分筛工艺，即得到固体异麦芽酮糖醇

续表

使用范围	各类食品，但不包括婴幼儿食品	
食用量	≤100 克/天	
质量要求	异麦芽酮糖醇	≥85%
	还原糖	≤0.3%（以葡萄糖计）
	总糖	≤0.5%（以葡萄糖计）
	山梨醇＋甘露醇	≤15%

（九）多聚果糖

中文名称	多聚果糖
英文名称	Polyfructose
主要成分	多聚果糖
基本信息	来源：菊苣根（拉丁名称：Cichorium intybus var. sativum, Asteraceae） 结构式： 分子式：$(C_6\text{-}H_{12}\text{-}O_6)\text{-}(C_6\text{-}H_{10}\text{-}O_5)_n$ $n=2\sim60$ 分子量：$344\sim11400$
生产工艺简述	以菊苣根为原料，经提取过滤，去除蛋白质、矿物质及短链果聚糖，喷雾干燥等步骤制成多聚果糖
食用量	≤8.4 克/天

续表

质量要求	性状	白色粉末
	多聚果糖	≥94.5%
	平均聚合度（DP）	≥23
	水分	≤4.5%
	灰分	≤0.2%
	pH（10%在普通水中）	5.0～7.0
其他需要说明的情况	使用范围：儿童奶粉、孕产妇奶粉	

（十）菊粉

中文名称	菊粉	
英文名称	Inulin	
基本信息	来源：菊苣根（拉丁名称：Cichorium intybus var. sativum, Asteraceae）	
生产工艺简述	以菊苣根为原料，去除蛋白质和矿物质后，经喷雾干燥等步骤获得菊粉	
食用量	≤15 克/天	
质量要求	性状	白色粉末
	菊粉（果糖聚合体的混合体，聚合度范围2～60）	>86.0%
	其他糖类（葡萄糖+果糖+蔗糖）	<14.0%
	水分	≤4.5%
	灰分	≤0.2%
其他需要说明的情况	使用范围：各类食品，但不包括婴幼儿食品	

（十一）酵母β-葡聚糖

中文名称	酵母β-葡聚糖
英文名称	Yeast β-glucan
主要成分	β-1,3-/1,6-葡聚糖
基本信息	来源：酿酒酵母（Saccharomyces cerevisiae）

基本信息	结构式： β-(1,3)-D-葡萄糖　　β-(1,3)-D-葡萄糖　　β-(1,3)-D-葡萄糖 分子式：（$C_6H_{12}O_6$）$_n$，n 为 125～25000 分子量：2 万～400 万	
生产工艺简述	以酿酒酵母为原料，经提取、酸碱处理、喷雾干燥等步骤生产而成	
食用量	≤250 毫克/天	
质量要求	性状	浅黄色或黄褐色粉末
	β-葡聚糖	≥70%
	蛋白质	≤3.5%
	脂肪	≤10%
	水分	≤8%
	灰分	≤3%
其他需要说明的情况	使用范围不包括婴幼儿食品	

（十二）蚌肉多糖

中文名称	蚌肉多糖
英文名称	Hyriopsis cumingii polysacchride
基本信息	来源：三角帆蚌（拉丁名称：*Hyriopsis cumingii*）
生产工艺简述	以三角帆蚌肉为原料，经提取、酶解、超滤、醇沉、干燥、粉碎等步骤制成
食用量	≤2.5 克/天

续表

质量要求	性状	白色粉末
	粗多糖（以葡萄糖计）	≥70g/100g
	蛋白质	≤8.0%
	水分	≤9.0%
	灰分	≤5.0%
	铅（以铅计）	≤0.5mg/kg
	砷（以砷计）	≤0.5mg/kg
其他需要说明的情况	使用范围：调味品、汤料、饮料、冷冻食品	

（十三）燕麦β-葡聚糖

中文名称	燕麦β-葡聚糖	
英文名称	Oat β-glucan	
主要成分	β-1,3-/1,4-葡聚糖	
基本信息	来源：燕麦麸 结构式： 分子式：（$C_6H_{12}O_6$）$_n$ 分子量：6万～200万	
生产工艺简述	以燕麦麸为原料，经水解、提取、沉淀、干燥、灭菌等工艺制成	
食用量	≤5克/天	
质量要求	性状	白色至浅黄色粉末
	β-葡聚糖（g/100g）	≥70%
	水分（g/100g）	≤5%
	灰分（g/100g）	≤8%
其他需要说明的情况	1. 使用范围不包括婴幼儿食品 2. 卫生安全指标应当符合我国相关标准	

（十四）落叶松阿拉伯半乳聚糖

中文名称	落叶松阿拉伯半乳聚糖	
英文名称	Larch arabinogalactan	
主要成分	阿拉伯半乳聚糖	
基本信息	来源：北美东部落叶松（Larix larcinia）或者西部落叶松（Larix occidentalis） 结构式： Ara=阿拉伯糖 Gal=半乳糖 分子式：[（$C_5H_8O_4$）（$C_6H_{10}O_5$）$_6$]x 分子量：15 000～60 000	
生产工艺简述	以北美落叶松木为原料，经切碎、热水提取、过滤、浓缩和干燥等工序制成	
食用量	≤15 克/天	
质量要求	性状	白色至浅棕色粉末
	阿拉伯半乳聚糖含量（g/100g）	≥85
	水分（g/100g）	≤6.0
其他需要说明的情况	1. 使用范围不包括婴幼儿食品 2. 卫生安全指标应当符合我国相关标准	

（十五）抗性糊精

中文名称	抗性糊精
英文名称	Resistant dextrin
基本信息	来源：食用淀粉
生产工艺简述	以食用淀粉为原料，在酸性条件下经糊精化反应制得的一种膳食纤维

质量要求	性状	白色至淡黄色粉末
	总膳食纤维（g/100g）	≥82（根据 GB/T22224-2008 第二法）
	水分（g/100g）	≤6
	灰分（g/100g）	≤0.5
	pH	4~6
其他需要说明的情况	卫生安全指标应符合我国相关标准要求	

第五章　脂类新食品原料

一、概述

脂类新食品原料是从动物、植物和微生物中提取的脂类成分，可分为三个亚类：油、脂肪酸及其酯化物、类脂及其他。这些以提取物、结构改造等形式出现的脂肪酸及其酯化物、类脂等一些特殊种类油脂，可以作为低脂食品使用。还有采用新技术生产使原有结构发生改变的新食品原料，包括甘油二酯、蔗糖聚酯等。

从原料来源来看，脂类新资源食品来源广泛，包括来源于植物、动物及微生物。共轭亚油酸、共轭亚油酸甘油酯、茶叶籽油等，来源于植物的种子；鱼油及提取物来源于可食用的海洋鱼；DHA 藻油和花生四烯酸油脂则分别来自于藻类种子和高山被孢霉。

从应用范围来分析，除御米油仅限于食用油外，其他脂类新资源食品应用范围广泛。其中，DHA 藻油、花生四烯酸油脂、鱼油及提取物允许在婴幼儿食品中使用；其余 10 种脂类新资源食品可应用于婴幼儿食品外的各类食品中。

二、2008 年以来卫生主管部门公告批准的脂类新食品原料名单

序号	名称	拉丁名/英文名	备注
1	御米油	Poppyseed oil	2010 年 3 号公告
2	杜仲籽油	*Eucommia ulmoides* oliv. seed oil	2009 年 12 号公告
3	茶叶籽油	Tea Camellia seed oil	2009 年 18 号公告
4	翅果油	*Elaeagnus mollis* diels oil	2011 年 1 号公告
5	元宝枫籽油	*Acer truncatum* bunge seed oil	2011 年 9 号公告

续表

序号	名称	拉丁名/英文名	备注
6	牡丹籽油	Peony seed oil	2011 年 9 号公告
7	水飞蓟籽油	Silybum marianum seed oil	2014 年 6 号公告
8	长柄扁桃油	*Amygdalus pedunculata* oil	2013 年 4 号公告
9	光皮梾木果油	*Swida wilsoniana* oil	2013 年 4 号公告
10	磷虾油	Krill oil	2013 年 10 号公告
11	中长链脂肪酸食用油	Medium-andlong-chain triacylglycerol oil	2012 年 16 号公告
12	盐地碱蓬籽油	*Suaeda salsa* seed oil	2013 年 1 号公告
13	美藤果油	*Sacha inchi* oil	2013 年 1 号公告
14	盐肤木果油	Sumac fruit oil	2013 年 1 号公告
15	番茄籽油	Tomato seed oil	
16	甘油二酯油	Diacylglycerol oil	2009 年 18 号公告
17	共轭亚油酸	Conjugated linoleic acid	2009 年 12 号公告
18	共轭亚油酸甘油酯	Conjugated linoleic acid glycerides	2009 年 12 号公告
19	鱼油及提取物	Fish oil （extract）	2009 年 18 号公告
20	DHA 藻油	DHA algal oil	2010 年 3 号公告
21	花生四烯酸油脂	Arochidonic acid oil	2010 年 3 号公告
22	植物甾醇	Plant sterol	2010 年 3 号公告
23	植物甾醇酯	Plant sterol ester	2010 年 3 号公告
24	磷脂酰丝氨酸	Phosphatidylserine	2010 年 15 号公告
25	植物甾烷醇酯		
26	蔗糖聚酯	Sucrose ployesters	2010 年 15 号公告 2012 年 19 号公告
27	叶黄素酯	Lutein esters	2008 年 12 号公告

三、卫生主管部门以公告、批复、复函形式同意作为食品原料的脂类名单

序号	名称	拉丁名/英文名	备注
39	中链甘油三酯	Medium chain triglycerides	《国家卫生计生委办公厅关于中链甘油三酯有关问题的复函》（国卫办食品函〔2013〕514号）

四、典型脂类新食品原料特征

（一）御米油

中文名称	御米油	
英文名称	Poppyseed oil	
基本信息	来源：罂粟的种子	
生产工艺	罂粟籽经清理、去壳，采用压榨等方法制油，并经脱水、脱色、脱臭、精滤等工艺精制而成	
食用量	≤25克/天	
不适宜人群	婴幼儿	
质量要求	性状	淡黄色半透明油状液体
	脂肪酸组成（占总脂肪酸含量比）	
	棕榈酸（C16:0）	8.9%～10.2%
	硬脂酸（C18:0）	1.5%～2.7%
	油酸（C18:1）	15.1%～23.5%
	亚油酸（C18:2）	60.0%～81.0%
	亚麻酸（C18:3）	0.42%～0.90%
其他需要说明的情况	1. 仅限用于食用油。不得再生产加工其他食品、食品添加剂 2. 标签、说明书中应当标注不适宜人群和食用限量 3. 生产经营御米油应符合《关于加强罂粟籽食品监督管理工作的通知》（卫监督发〔2005〕349号）的要求	

（二）杜仲籽油

中文名称	杜仲籽油	
拉丁名称	*Eucommia ulmoides* oliv. seed oil	
基本信息	来源：杜仲籽	
生产工艺简述	以杜仲籽为原料，经去杂、分离壳仁，对籽仁进行物理压榨、过滤等工艺而制成	
食用量	≤3 毫升/天	
质量要求	性状	黄棕色透明油状液体
	脂肪酸组成（占总脂肪酸含量比）	
	α-亚麻酸（C18:3）	≥45%
	油酸（C18:1）	≥13%
	亚油酸（C18:2）	≥10%
	棕榈酸（C16:0）	≥6%
	硬脂酸（C18:0）	≥2%
其他需要说明的情况	婴幼儿食品除外	

（三）茶叶籽油

中文名称	茶叶籽油	
英文名称	Tea Camellia seed oil	
基本信息	来源：山茶科（*Theaceae*）植物茶（*Camellia sinensis OK.tez*）的种子	
生产工艺简述	以茶叶籽为原料，经烘干、脱壳、脱色、脱臭等步骤而制成	
食用量	≤15 克/天	
质量要求	性状	黄色透明油状液体
	脂肪酸组成（占总脂肪酸含量比）	
	油酸（C18:1）	40%～60%
	亚油酸（C18:2）	15%～35%
	棕榈酸（C16:0）	13%～20%
	硬脂酸（C18:0）	2%～6%
其他需要说明的情况	使用范围不包括婴幼儿食品	

（四）翅果油

中文名称	翅果油	
拉丁名称	*Elaeagnus mollis* diels oil	
基本信息	来源：翅果油树种仁	
生产工艺简述	以翅果仁为原料，经粉碎、萃取、过滤等工艺而制成	
食用量	≤15 克/天	
质量要求	性状	淡黄色透明油状液体
	脂肪酸组成（占总脂肪酸含量比）	
	油酸（C18:1）	≥28%
	亚油酸（C18:2）	≥42%
	亚麻酸（C18:3）	≥5%
其他需要说明的情况	1. 使用范围不包括婴幼儿食品 2. 食品的标签、说明书中应当标注食用限量	

（五）元宝枫籽油

中文名称	元宝枫籽油	
拉丁名称	*Acer truncatum* bunge seed oil	
基本信息	来源：元宝枫树种仁	
生产工艺简述	以元宝枫种仁为原料，经压榨、脱色、脱臭等工艺制成	
食用量	≤3 克/天	
质量要求	性状	金黄色透明油状液体
	脂肪酸组成（占总脂肪酸含量比）	
	亚油酸（C18:2）	≥30.0%
	油酸（C18:1）	≥15.0%
	神经酸（C24:1）	≥3.0%
其他需要说明的情况	使用范围不包括婴幼儿食品	

（六）牡丹籽油

中文名称	牡丹籽油
英文名称	Peony seed oil

续表

基本信息	来源：丹凤牡丹（Paeonia ostii T.Hong et J.X.Zhang）和紫斑牡丹（Paeonia rockii）的籽仁	
生产工艺简述	以牡丹籽仁为原料，经压榨、脱色、脱臭等工艺制成	
食用量	≤10 克/天	
质量要求	性状	金黄色透明油状液体
	脂肪酸组成（占总脂肪酸含量比）	
	亚麻酸（C18:3）	≥38.0%
	亚油酸（C18:2）	≥25.0%
	油酸（C18:1）	≥21.0%
其他需要说明的情况	使用范围不包括婴幼儿食品	

（七）水飞蓟籽油

中文名称	水飞蓟籽油	
英文名称	Silybum marianum seed oil	
基本信息	来源：菊科水飞蓟属水飞蓟（Silybum marianum）籽	
生产工艺简述	以水飞蓟籽为原料，经冷榨、过滤等工艺制成	
质量要求	性状	淡黄色透明油状液体
	脂肪酸组成（占总脂肪酸含量比）	
	亚油酸（C18:2）	≥40%
	油酸（C18:1）	≥30%
其他需要说明的情况	1. 使用范围不包括婴幼儿食品 2. 卫生安全指标应符合我国相关标准	

（八）长柄扁桃油

中文名称	长柄扁桃油
英文名称	*Amygdalus pedunculata* oil
基本信息	来源：蔷薇科桃属扁桃亚属长柄扁桃 （拉丁名称：Amygdalus pedunculata Pall.）种仁
生产工艺简述	以长柄扁桃种仁为原料，经炒制、冷榨、过滤等工艺而制成

续表

质量要求	性状	黄色透明油状液体
	脂肪酸组成（占总脂肪酸含量比）	
	油酸（C18:1）	≥70%
	亚油酸（C18:2）	≥26%
其他需要说明的情况	1. 使用范围不包括婴幼儿食品 2. 卫生安全指标应当符合我国相关标准	

（九）光皮梾木果油

中文名称	光皮梾木果油	
英文名称	*Swida wilsoniana* oil	
基本信息	来源：山茱萸科梾木属光皮梾木（拉丁名称：Swida wilsoniana）果实	
生产工艺简述	以光皮梾木果实为原料，经压榨、过滤、脱色、脱臭等工艺而制成	
质量要求	性状	黄色透明油状液体
	脂肪酸组成（占总脂肪酸含量比）	
	亚油酸（C18:2）	≥38%
	油酸（C18:1）	≥20%
	棕榈酸（C16:0）	≥15%
其他需要说明的情况	1. 使用范围不包括婴幼儿食品 2. 卫生安全指标应当符合我国相关标准	

（十）磷虾油

中文名称	磷虾油
英文名称	Krill oil
基本信息	来源：磷虾科磷虾属南极大磷虾（*Euphausia superba* Dana）
生产工艺简述	以磷虾为原料，经水洗、破碎、提取、浓缩、过滤等步骤制得
食用量	≤3 克/天

续表

质量要求	性状	暗红色或红褐色透明油状液体
	总磷脂（g/100g）	≥38
	DHA（g/100g）	≥3
	EPA（g/100g）	≥6
其他需要说明的情况	1. 婴幼儿、孕妇、哺乳期妇女及海鲜过敏者不宜食用，标签、说明书中应当标注不适宜人群 2. 卫生安全指标应当符合我国相关标准	

（十一）中长链脂肪酸食用油

中文名称	中长链脂肪酸食用油	
英文名称	Medium- and long-chain triacylglycerol oil	
基本信息	来源：食用植物油、中链甘油三酯（来源于食用椰子油、棕榈仁油）	
生产工艺简述	以食用植物油和中链甘油三酯为原料，通过脂肪酶进行酯交换反应，经蒸馏分离、脱色、脱臭等工艺而制成	
食用量	≤30 克/天	
质量要求	性状	淡黄色透明状液体
	中长链脂肪酸甘油三酯（g/100g）	≥18
	长链脂肪酸甘油三酯（g/100g）	≤77
	中链甘油三酯（g/100g）	<3
	中链脂肪酸（g/100g）	≥11
其他需要说明的情况	卫生安全指标应符合食用植物油卫生标准	

（十二）盐地碱蓬籽油

中文名称	盐地碱蓬籽油
拉丁名称	*Suaeda salsa* seed oil
基本信息	来源：藜科碱蓬属盐地碱蓬（*Suaeda salsa*（L.）pall）种子
生产工艺简述	以盐地碱蓬种子为原料，经萃取、脱色、过滤等工艺而制成

续表

质量要求	性状	淡黄色至金黄色透明油状液体
	脂肪酸组成（占总脂肪酸含量比）	
	亚油酸（C18:2）	≥50%
	油酸（C18:1）	≥10%
	亚麻酸（C18:3）	≥5%
其他需要说明的情况	1. 使用范围不包括婴幼儿食品 2. 卫生安全指标应符合我国相关标准	

（十三）美藤果油

中文名称	美藤果油
英文名称	*Sacha inchi* oil
基本信息	来源：大戟科美藤果（Plukenetia volubilis L.）种籽
生产工艺简述	以美藤果种籽为原料，经脱壳、粉碎、压榨、过滤等工艺而制成

质量要求	性状	淡黄色透明油状液体
	脂肪酸组成（占总脂肪酸含量比）	
	亚麻酸（C18:3）	≥35%
	亚油酸（C18:2）	≥30%
	油酸（C18:1）	≥5%
其他需要说明的情况	1. 使用范围不包括婴幼儿食品 2. 卫生安全指标应符合我国相关标准	

（十四）盐肤木果油

中文名称	盐肤木果油
英文名称	Sumac fruit oil
基本信息	来源：漆树科盐肤木属盐肤木（*Rhus chinensis* Mill.）果实
生产工艺简述	以盐肤木果实为原料，经气爆、压榨、浸提、过滤等工艺而制成

续表

质量要求	性状	黄色透明油状液体
	脂肪酸组成（占总脂肪酸含量比）	
	油酸（C18:1）	≥52%
	亚油酸（C18:2）	≥14%
	棕榈酸（C16:0）	≥5%
其他需要说明的情况	1.使用范围不包括婴幼儿食品 2.卫生安全指标应符合我国相关标准	

（十五）番茄籽油

中文名称	番茄籽油	
英文名称	Tomato seed oil	
基本信息	来源：番茄籽	
质量要求	性状	淡黄色到橙色油状液体
	脂肪酸组成（占总脂肪酸含量比）	
	亚油酸（C18:2）	≥50%
	油酸（C18:1）	≥19%
	棕榈酸（C16:0）	≤13%
其他需要说明的情况	卫生安全指标应当符合我国相关标准	

（十六）甘油二酯油

中文名称	甘油二酯油
英文名称	Diacylglycerol oil
主要成分	甘油二酯
基本信息	来源：大豆油、菜籽油、花生油、玉米油 主要成分结构式： $$\begin{array}{l} CH_2OCOR \\ |\\ CH_2OCOR' \quad 或 \\ |\\ CHOH \end{array} \qquad \begin{array}{l} CH_2OCOR \\ |\\ CHOH \\ |\\ CH_2OCOR' \end{array}$$ 1,2-甘油二酯　　1,3-甘油二酯 （其中 COR、COR'为饱和或不饱和脂肪酰基）

续表

生产工艺简述	以大豆油、菜籽油等为原料,以脂肪酶制剂、水、甘油等为主要辅料,通过脂肪酶催化,经蒸馏分离、脱色、脱臭等工艺而制成	
食用量	≤30 克/天	
质量要求	性状	透明状液体
	甘油二酯含量	≥40%
	甘油三酯含量	≤58%
	单干酯含量	≤1.5%
	游离脂肪酸含量	≤0.5%
其他需要说明的情况	使用范围不包括婴幼儿食品	

(十七)共轭亚油酸

中文名称	共轭亚油酸
英文名称	Conjugated linoleic acid
主要成分	共轭亚油酸(C18:2),(主要的异构体为 9c,11t 和 10t,12c 的异构体)
基本信息	来源:红花籽油 主要成分的结构式: (c 顺式结构,t 反式结构) 分子式:$C_{18}H_{32}O_2$ 分子量:280.44
生产工艺简述	以食品级的红花籽油为原料,通过共轭化反应将其中的亚油酸转化成共轭亚油酸
食用量	<6 克/天

续表

质量要求	性状	无色至淡黄色清澈、透明油状液体
	共轭亚油酸含量	700~800mg/g（w/w）
	共轭亚油酸（C18:2）9c，11t 和 10t，12c 异构体	78%~84%（气相，面积百分比）
	油酸（C18:1）9c	10%~20%（气相，面积百分比）
	棕榈酸（C16:0）	<4%（气相，面积百分比）
	硬脂酸（C18:0）	<4%（气相，面积百分比）
	油酸（C18:2）9c,12c	<3%（气相，面积百分比）
	共轭亚油酸异构体的组成	
	共轭亚油酸（C18:2）9c,11t 异构体	37.5%~42.0%（气相，面积百分比）
	共轭亚油酸（C18:2）10t,12c 异构体	37.5%~42.0%（气相，面积百分比）
	共轭亚油酸（C18:2）9c,12c 异构体	0~3.0%（气相，面积百分比）
	共轭亚油酸 9t,11t 和 10t,12t 异构体	<1%（面积百分比）
其他需要说明的情况	使用范围：1.直接食用 2.脂肪、食用油和乳化脂肪制品，但不包括婴幼儿食品	

（十八）共轭亚油酸甘油酯

中文名称	共轭亚油酸甘油酯
英文名称	Conjugated linoleic acid glycerides
主要成分	共轭亚油酸甘油三酯
基本信息	来源：红花籽油 主要成分的结构式： CH₂OCOR 　| CHOCOR 　| CH₂OCOR （其中 R 是共轭亚油酸 C18：2　9c,11t 或 10t,12c 异构体，c 顺式结构，t 反式结构）

生产工艺简述	以食品级的红花籽油为原料，通过共轭化反应将其中的亚油酸转化成共轭亚油酸。然后以食品级脂肪酶为催化剂，将共轭亚油酸脂肪酸与甘油进行酯化，生成共轭亚油酸甘油酯	
食用量	<6 克/天	
质量要求	性状	无色至淡黄色清澈、透明油状液体
	共轭亚油酸甘油三酯含量	77%～83%
	共轭亚油酸甘油二酯含量	17%～23%
	共轭亚油酸单甘酯含量	<1%
	脂肪酸组成	
	共轭亚油酸含量	700～800 mg/g （w/w）
	共轭亚油酸（C18:2）9c,11t 和 10t,12c 异构体	78%～84%（气相,面积百分比）
	油酸（C18:1）9c	10%～20%（气相,面积百分比）
	棕榈酸（C16:0）	< 4%（气相，面积百分比）
	硬脂酸（C18:0）	< 4%（气相，面积百分比）
	亚油酸（C18:2）9c,12c	< 3%（气相，面积百分比）
	共轭亚油酸异构体的组成	
	共轭亚油酸（C18:2）9c,11t 异构体	37.5%～42.0%（气相,面积百分比）
	共轭亚油酸（C18:2）10t,12c 异构体	37.5%～42.0%（气相,面积百分比）
	共轭亚油酸（C18:2）9c,12c 异构体	0～3.0%（气相,面积百分比）
	共轭亚油酸 9t,11t 和 10t,12t 异构体	<1%（面积百分比）
其他需要说明的情况	使用范围：1.直接食用 2.乳及乳制品（纯乳除外）；脂肪、食用油和乳化脂肪制品；饮料类；冷冻饮品；可可制品、巧克力和巧克力制品以及糖果；杂粮粉及其制品；即食谷物、焙烤食品、咖啡，但不包括婴幼儿食品	

（十九）鱼油及提取物

中文名称	鱼油及提取物		
英文名称	Fish oil（extract）		
主要成分	二十二碳六烯酸（DHA）、二十碳五烯酸（EPA）		
基本信息	来源：可食用海洋鱼		
生产工艺简述	可食用海洋鱼经加热烹煮、压榨、离心、提纯、脱色、除臭等工艺而制成的油状液体或粉状产品		
食用量	≤3 克/天		
质量要求		鱼油	鱼油提取物
	性状	淡黄色液体或粉末	淡黄色液体或粉末
	DHA 含量	≥36mg/g	≥125mg/g
	EPA 含量	≥27mg/g	≥80mg/g
	EPA+DHA 含量	≥144mg/g	≥230mg/g
	水分	≤3.0%	≤1.0%
其他需要说明的情况	1.DHA 含量 36～125mg/g，标签及说明书中标注鱼油；DHA 含量≥125mg/g，标签及说明书中标注鱼油提取物 2.在婴幼儿食品中使用应符合相关标准的要求		

（二十）DHA 藻油

中文名称	DHA 藻油
英文名称	DHA algal oil
主要成分	二十二碳六烯酸 （DHA）
基本信息	来源：裂壶藻（*Schizochytrium sp.*） 吾肯氏壶藻（*Ulkenia amoeboida*） 寇氏隐甲藻（*Crypthecodinium cohnii*）
生产工艺简述	以裂壶藻（或吾肯氏壶藻或寇氏隐甲藻）种为原料，通过发酵、分离、提纯等工艺生产 DHA
推荐食用量	≤300 毫克/天（以纯 DHA 计）

质量要求	性状	淡黄色到橙色油状液体
	DHA 含量	≥35g/100g
	反式脂肪酸	<1%
	水分及可挥发物	<0.05%
其他需要说明的情况	在婴幼儿食品中使用应符合相关标准的要求	

（二十一）花生四烯酸油脂

中文名称	花生四烯酸油脂	
英文名称	Arochidonic acid oil	
主要成分	花生四烯酸	
基本信息	来源：高山被孢霉（*Mortierella alpine*）	
生产工艺简述	以高山被孢霉为菌种，经发酵培养制得菌丝体，菌丝体经过滤、压榨、干燥、萃取及精制后得到花生四烯酸油脂	
食用量	≤600 毫克/天（以纯花生四烯酸计）	
质量要求	性状	无色至浅黄色油状液体
	花生四烯酸含量	≥38g/100g
	反式脂肪酸	≤1%
其他需要说明的情况	在婴幼儿食品中使用应符合相关标准的要求	

（二十二）植物甾醇

中文名称	植物甾醇
英文名称	Plant sterol
基本信息	来源：大豆油、菜籽油、玉米油、葵花籽油、塔罗油 β-谷甾醇结构式：　　　　　　　　菜油甾醇结构式：

续表

基本信息	分子式：$C_{29}H_{50}O$　　　分子式：$C_{28}H_{48}O$ 分子量：414.71　　　分子量：400.66 豆甾醇结构式： 分子式：$C_{29}H_{48}O$ 分子量：412.69	
生产工艺简述	利用大豆油等植物油馏分或者塔罗油为原料，通过皂化、萃取、结晶等工艺生产制得	
食用量	≤2.4 克/天	
质量要求	性状	白色粉末或颗粒
	植物甾醇	≥90%
	植物甾醇的组成比例	
	β-谷甾醇	≥30.0%
	菜油甾醇	≥15.0%
	豆甾醇	≥12.0%
其他需要说明的情况	使用范围不包括婴幼儿食品	

（二十三）植物甾醇酯

中文名称	植物甾醇酯
英文名称	Plant sterol ester

基本信息	来源：大豆油、菜籽油、玉米油、葵花籽油、塔罗油 β-谷甾醇酯结构式： 分子式：$C_{47}O_2H_{80}$ 分子量：676 菜油甾醇酯结构式： 分子式：$C_{46}O_2H_{78}$ 分子量：662 豆甾醇酯结构式： 分子式：$C_{47}O_2H_{78}$ 分子量：674

续表

生产工艺简述	利用大豆油等植物油馏分或塔罗油为原料，通过皂化、萃取、结晶等工艺得到植物甾醇，然后将植物甾醇和葵花籽油脂肪酸进行酯化生产得到植物甾醇酯	
食用量	≤3.9 克/天	
质量要求	性状	淡黄色黏稠油糊状
	植物甾醇酯和植物甾醇（合计）	≥97%
	植物甾醇酯	≥90%
	游离植物甾醇	≤6%
	总植物甾醇	≥59% （w/w）
	酸价	≤1 mgKOH/g
	过氧化物价	≤5 meq/kg
其他需要说明的情况	使用范围不包括婴幼儿食品	

（二十四）磷脂酰丝氨酸

中文名称	磷脂酰丝氨酸
英文名称	Phosphatidylserine
基本信息	来源：大豆 主要成分结构式：
生产工艺简述	以大豆卵磷脂和 L-丝氨酸为原料，采用磷脂酶转化反应后，纯化浓缩，再经过二次纯化，干燥后包装制得
食用量	≤600 毫克/天

续表

质量要求	性状	淡黄色粉末
	磷脂酰丝氨酸	50.0%～60.0%
	丙酮不溶物	≥95%
	水分	≤2%
	溶剂残留（正己烷）	≤25 ppm
其他需要说明的情况	使用范围不包括婴幼儿食品	

（二十五）植物甾烷醇酯

中文名称	植物甾烷醇酯
英文名称	Plant stanol ester
基本信息	来源：大豆油提取的甾醇和食用低芥酸菜籽油制取的脂肪酸甲酯 结构式： 分子式：$C_{47}H_{84}O_2$ 分子量：681.2
生产工艺简述	植物油甾醇经饱和工艺转化为植物甾烷醇，植物甾烷醇与脂肪酸甲酯进行酯化反应生成植物甾烷醇酯后再进行清洗、漂白和脱臭处理生产而成
使用范围	植物油、植物黄油、人造黄油、乳制品、植物蛋白饮料、调味品、沙拉酱、蛋黄酱、果汁、通心粉、面条和速食麦片
食用量	<5 克/天
不适宜人群	孕妇和 5 岁以下儿童

质量要求	植物甾烷醇	≥55%
	植物甾醇	≤5%
	游离脂肪酸	≤0.1%
	干燥失重	≤0.1%
其他需要说明的情况	1. 孕妇和 5 岁以下儿童不宜食用，标签、说明书中应当标注不适宜人群 2. 卫生安全指标应当符合我国相关标准	

（二十六）蔗糖聚酯

中文名称	蔗糖聚酯	
英文名称	Sucrose ployesters	
主要成分	蔗糖聚酯（6、7、8 酯）	
基本信息	来源：大豆油 结构式： （其中 R 为 8~22 碳链长度的脂肪酸） 分子量：2400~2800	
生产工艺简述	大豆油经精炼、氢化，与甲醇反应生成甲酯，甲酯和蔗糖在一定条件下再发生反应，生成蔗糖聚酯粗品；然后经精炼、水洗涤、干燥、蒸发等过程精制而成	
食用量	≤10.6 克/天	
质量要求	性状	凝胶状
	蔗糖聚酯（6、7、8 酯）	≥97%
其他需要说明的情况	1. 婴幼儿不宜食用，标签、说明书中应当标注不适宜人群和食用限量 2. 卫生部 2010 年第 15 号公告蔗糖聚酯相关信息作废	

（二十七）叶黄素酯

中文名称	叶黄素酯		
英文名称	Lutein esters		
主要成分	叶黄素二棕榈酸酯		
基本信息	来源：万寿菊花 化学名称：叶黄素二棕榈酸酯 （CAS 注册号：547-17-1） 结构式： $CH_3(CH_2)_{14}COO$　　　　　　　　　　　　$OCO(CH_2)_{14}CH_3$ 分子式：$C_{72}H_{116}O_4$ 分子量：1045.71		
生产工艺简述	以万寿菊花为原料，经过脱水粉碎、溶剂提取、低分子量醇纯化和真空浓缩等步骤生产而成		
使用范围	焙烤食品、乳制品、饮料、即食谷物、冷冻饮品、调味品和糖果，但不包括婴幼儿食品		
食用量	≤12 毫克/天		
质量规格	性状	深红棕色细小颗粒	
	叶黄素二棕榈酸酯含量	> 55.8%	
	玉米黄质酯含量	< 4.2%	
	溶剂残留	正己烷	<10ppm
		乙醇	<10ppm

第六章　动物类新食品原料

动物类新食品批准不多，有蚕蛹和养殖的梅花鹿（除鹿茸、鹿角、鹿骨外）但蚕蛹在卫生部 1998 年下发《关于 1998 年全国保健食品市场整顿工作安排的通知》（卫监法发〔1998〕第 9 号）中，已被列为普通食品管理。并且 2004 年 17 号公告中，再次明确蚕蛹为普通食品，注销蚕蛹新资源食品的卫生审查批件，并停止受理上述类别新资源食品卫生审查批件的转让、变更、补发。

同样，养殖的梅花鹿，在原卫生部对吉林省卫生厅《关于明确部分养殖梅花鹿副产品作为普通食品管理的请示》批复中（卫生部关于养殖梅花鹿副产品作为普通食品有关问题的批复，卫监督函〔2012〕8 号）中，明确除鹿茸、鹿角、鹿胎、鹿骨外，养殖梅花鹿其他副产品可作为普通食品。

卫生主管部门以公告、批复、复函形式同意作为食品原料的动物类名单

序号	名称	拉丁名/英文名	备注
14	蚕蛹	Silkworm chrysalis	2004 年 17 号公告
33	养殖梅花鹿副产品（除鹿茸、鹿角、鹿胎、鹿骨外）	By-products from breeding sika deer (*Cervus nippon* Temminck) except Pilose antler (*Cervi cornu* Pantotrichum), Antler (*Cervi cornu*),Deer fetus and Deer bone	《卫生部关于养殖梅花鹿副产品作为普通食品有关问题的批复》（卫监督函〔2012〕8 号）

第七章　植物类新食品原料

一、概述

已批准的新食品原料中植物类较多，按照食用植物的部位有：根茎类如显脉旋覆花（小黑药）、以5年及5年以下人工种植的人参，还包括魔芋、牛蒡根等根类。人工种植的短梗五加（俗称五加皮）茎、叶、果均可以作为新食品原料。人工种植的柳叶蜡梅茎叶可以作为新食品原料。以叶作为新食品原料的有金花茶、乌药的嫩叶、辣木带柄的羽状复叶、青钱柳叶、枇杷叶、湖北海棠（茶海棠）叶、显齿蛇葡萄叶及叶子和细茎作为食用部位的线叶金雀花等。花类如茶树花、丹凤牡丹花、杜仲雄花，此外还包括没有列出的玫瑰花（重瓣红玫瑰）、松花粉、紫云英花粉等花（含花粉）等。以果实作为食用部位的有诺丽果浆（国外引进新品种）、阿萨伊果及垂序商陆果等。

这其中，金花茶、白子菜及诺丽果是在我国无食用习惯的植物。已批准的还有原保健食品的物品名单中的短梗五加、库拉索芦荟等，药食同源的玛咖、人参（人工种植）等，以及诺丽果等。

构成植物体的物质除水分、糖类、蛋白质、脂肪等主要物质外，还包括萜类、黄酮、生物碱、甾体、矿物质等微量成分。这些物质对人类以及各种生物具有生理促进作用，故命名为植物活性成分。植物类新食品原料多为植物活性成分含量高、对人体的生理促进作用较大的植物种类，有益于人体健康。

二、2008 年以来卫生主管部门公告批准的植物类新食品原料名单

序号	名称	拉丁名/英文名	备注
1	显脉旋覆花（小黑药）	*Inula nervosa* wall.ex DC.	2010 年 9 号公告
2	玛咖粉	*Lepidium meyenii* Walp	2011 年 13 号公告
3	人参（人工种植）	*Panax Ginseng* C.A.Meyer	2012 年 17 号公告
4	短梗五加	*Acanthopanax sessiliflorus*	2008 年 12 号公告
5	白子菜	*Gynura divaricata*（*L.*）DC	2010 年 3 号公告
6	柳叶蜡梅	*Chmonathus salicifolius* S.Y.H	2014 年 6 号公告
7	金花茶	*Camellia chrysantha*（Hu）Tuyama	2010 年 9 号公告
8	乌药叶	*Linderae aggregate* leaf	2012 年 19 号公告
9	辣木叶	*Moringa oleifera* leaf	2012 年 19 号公告
10	青钱柳叶	*Cyclocarya paliurus* leaf	2013 年 4 号公告
11	枇杷叶	*Eriobotrya japonica*（Thunb.）Lindl.	
12	湖北海棠叶	*Malus hupehensis*（Pamp.）Rehd.leaf	
13	显齿蛇葡萄叶	*Ampelopsis grossedentata*	2013 年 10 号公告
14	线叶金雀花	Aspalathus Linearis（Brum.f.）R.Dahlgren	2014 年 12 号公告
15	茶树花	Tea blossom	2013 年 1 号公告
16	丹凤牡丹花	*Paeonia ostii* flower	2013 年 4 号公告
17	杜仲雄花	Male flower of Eucommia ulmoides	2014 年 6 号公告
18	诺丽果浆	Noni puree	2010 年 9 号公告
19	阿萨伊果	Acai	2013 年 1 号公告
20	垂序商陆果	*Malus hupehensis*（Pamp.）Rehd. leaf	2014 年 536 号公告
21	裸藻	*Euglena gracilis*	2013 年 4 号公告
22	盐藻及提取物	*Dunaliella Salina*（extract）	2009 年 18 号公告

序号	名称	拉丁名/英文名	备注
23	狭基线纹香茶菜	*Isodon lophanthoides*（Buchanan-Hamilton ex D.Don）H.Hara var.*Gerardianus*（Bentham）H.Hara	2013 年 4 号公告
24	奇亚籽	Chia seed	2014 年 10 号公告
25	圆苞车前子壳	Psyllium seed husk	2014 年 10 号公告
26	库拉索芦荟凝	*Aloe vera* gel	2008 年 12 号公告
27	表没食子儿茶素没食子酸酯	*Epigallocatechin Gallate（EGCG）*	2010 年 17 号公告
28	竹叶黄酮	*Bamboo leaf flavone*	2014 年 20 号
29	雨生红球藻	*Haematococcus pluvialis*	2010 年 17 号公告
30	蛋白核小球藻	*Chlorella pyrenoidesa*	2012 年 19 号公告

三、卫生主管部门以公告、批复、复函形式同意作为食品原料的植物类名单

序号	名称	拉丁名/英文名	备注
1	油菜花粉	Rape pollen	2004 年 17 号公告
2	玉米花粉	Corn pollen	2004 年 17 号公告
3	松花粉	Pine pollen	2004 年 17 号公告
4	向日葵花粉	*Helianthus* pollen	2004 年 17 号公告
5	紫云英花粉	Milk vetch pollen	2004 年 17 号公告
6	荞麦花粉	Buckwheat pollen	2004 年 17 号公告
7	芝麻花粉	*Sesame* pollen	2004 年 17 号公告
8	高粱花粉	*Sorghum* pollen	2004 年 17 号公告
9	魔芋	*Amorphophallus rivieri*	2004 年 17 号公告
10	钝顶螺旋藻	*Spirulina platensis*	2004 年 17 号公告
11	极大螺旋藻	*Spirulina maxima*	2004 年 17 号公告
12	刺梨	*Rosa roxburghii*	2004 年 17 号公告

续表

序号	名称	拉丁名/英文名	备注
13	玫瑰茄	*Hibiscus sabdariffa*	2004 年 17 号公告
14	酸角	*Tamarindus indica*	2009 年 18 号公告
15	玫瑰花（重瓣红玫瑰）	*Rose rugosa* cv. *plena*	2010 年 3 号公告
16	凉粉草（仙草）	*Mesona chinensis* Benth.	2010 年 3 号公告
17	夏枯草	*Prunella vulgaris* L.	1. 2010 年 3 号公告 2. 作为凉茶饮料原料
18	布渣叶（破布叶）	*Microcos paniculata* L.	1. 2010 年 3 号公告 2. 作为凉茶饮料原料
19	鸡蛋花	*Plumeria rubra* L.cv.*acutifolia*	1. 2010 年 3 号公告 2. 作为凉茶饮料原料
20	针叶樱桃果	Acerola cherry	2010 年 9 号公告
21	平卧菊三七	*Gynura procumbens*（Lour.）Merr	2012 年 8 号公告
22	大麦苗	Barley leaves	2012 年 8 号公告
23	梨果仙人掌（米邦塔品种）	*Opuntia ficus-indica*（Linn.）Mill	2012 年 19 号公告
24	沙棘叶	*Hippophae rhamnoides* leaf	2013 年 7 号公告
25	天贝	Tempeh	1. 2013 年 7 号公告 2. 天贝是以大豆为原料经米根霉发酵制成
26	纳豆	Natto	《卫生部关于纳豆作为普通食品管理的批复》（卫法监发〔2002〕308 号）
27	木犀科粗壮女贞苦丁茶	*Ligustrum robustum*（Roxb.）Blum.	《卫生部关于同意木犀科粗壮女贞苦丁茶为普通食品的批复》（卫监督函〔2011〕428 号）

序号	名称	拉丁名/英文名	备注
28	玉米须	Corn silk	《卫生部关于玉米须有关问题的批复》（卫监督函〔2012〕306 号）
29	小麦苗	Wheat seedling	《卫生部关于同意将小麦苗作为普通食品管理的批复》（卫监督函〔2013〕17 号）
30	冬青科苦丁茶	*Ilex kudingcha* C.J.Tseng	《关于同意将冬青科苦丁茶作为普通食品管理的批复》（卫计生函〔2013〕86 号）
31	牛蒡根	*Arctium lappa* root	《国家卫生计生委关于牛蒡作为普通食品管理有关问题的批复》（国卫食品函〔2013〕83 号）
32	五指毛桃	*Ficus hirta* Vahl	《国家卫生计生委办公厅关于五指毛桃有关问题的复函》（国卫办食品函〔2014〕205 号）
33	耳叶牛皮消	*Cynanchum auriculatum* Royle ex Wight	《国家卫生计生委办公厅关于滨海白首乌有关问题的复函》（国卫办食品函〔2014〕427 号）

四、典型植物类新食品原料特征

（一）显脉旋覆花（小黑药）

中文名称	显脉旋覆花（小黑药）
拉丁名称	*Inula nervosa* wall.ex DC.
基本信息	来源：人工种植的显脉旋覆花 种属：菊科、旋覆花属 食用部位：根茎

续表

生产工艺简述	以显脉旋覆花的干燥根茎为原料，经精选、清洗、干燥、机械粉碎等步骤生产而成	
食用量	≤5 克/天	
不适宜人群	婴幼儿	
质量要求	性状	褐色粉末
	8,9-二异丁酰基百里香酚	≥4.0 mg /g
	水分	≤13%
	灰分	≤0.4%
其他需要说明的情况	本品作为调味品使用，标签、说明书中应当标注不适宜人群和食用限量	

（二）玛咖粉

中文名称	玛咖粉	
拉丁名称	*Lepidium meyenii* Walp	
基本信息	种属：人工种植的玛咖（十字花科独行菜属） 食用部位：根茎	
生产工艺简述	以玛咖为原料，经切片、干燥、粉碎、灭菌等步骤制成	
食用量	≤25 克/天	
质量要求	性状	淡黄色粉末
	蛋白质含量	≥10%
	膳食纤维含量	≥10%
	水分	≤10%
其他需要说明的情况	1. 婴幼儿、哺乳期妇女、孕妇不宜食用 2. 食品的标签、说明书中应当标注不适宜人群和食用限量	

（三）人参（人工种植）

中文名称	人参（人工种植）
拉丁名称	*Panax Ginseng* C.A.Meyer

续表

基本信息	来源：5 年及 5 年以下人工种植的人参 种属：五加科、人参属 食用部位：根及根茎
食用量	≤3 克/天
其他需要说明的情况	1. 卫生安全指标应当符合我国相关标准要求 2. 孕妇、哺乳期妇女及 14 周岁以下儿童不宜食用，标签、说明书中应当标注不适宜人群和食用限量

（四）短梗五加

中文名称	短梗五加	
拉丁名称	*Acanthopanax sessiliflorus*	
基本信息	来源：人工种植 食用部位：茎、叶、果	
生产工艺简述	以短梗五加全株鲜品为原料，经清洗、切片、干燥、杀菌、粉碎等步骤制成	
使用范围	饮料类、酒类	
食用量	≤4.5 克/天	
不适宜人群	哺乳期妇女、孕妇、婴幼儿及儿童	
质量规格	性状	灰褐色固体干燥粉末
	短梗五加全株干粉	100.0%
	总皂苷（以人参皂苷 Re 计）	≥1.0%
	总黄酮（以芦丁计）	≥0.1%
	灰分	≤10.0%
	水分	≤8.0%

（五）白子菜

中文名称	白子菜
拉丁名称	*Gynura divaricata （L.） DC*
基本信息	来源：人工种植的白子菜 种属：菊科、土三七属 食用部位：茎、叶

（六）柳叶蜡梅

中文名称	柳叶蜡梅
拉丁名称	*Chmonathus salicifolius* S.Y.H
基本信息	来源：人工种植的柳叶蜡梅 种属：蜡梅科、蜡梅属 食用部位：茎叶
其他需要说明的情况	1.食用方式：冲泡 2.婴幼儿、孕妇不宜食用，标签、说明书中应当标注不适宜人群 3.卫生安全指标应当符合我国相关标准

（七）金花茶

中文名称	金花茶
拉丁名称	*Camellia chrysantha*（Hu）Tuyama
基本信息	来源：人工种植的金花茶 种属：山茶科、山茶属 食用部位：叶
食用量	≤20 克/天
不适宜人群	婴幼儿、孕妇
其他需要说明的情况	标签、说明书中应当标注不适宜人群和食用限量

（八）乌药叶

中文名称	乌药叶
拉丁名称	*Linderae aggregate* leaf
基本信息	来源：樟科植物乌药（*Linderae aggregate*） 食用部位：嫩叶
食用量	≤5 克/天
其他需要说明的情况	1.婴幼儿、儿童、孕期及哺乳期妇女不宜食用，标签、说明书中应当标注不适宜人群 2.卫生安全指标应符合我国相关标准

（九）辣木叶

中文名称	辣木叶
拉丁名称	*Moringa oleifera* leaf
基本信息	来源：辣木（拉丁名称 *Moringa oleifera*） 食用部位：带柄的羽状复叶
其他需要说明的情况	卫生安全指标应符合我国相关标准

（十）青钱柳叶

中文名称	青钱柳叶
拉丁名称	*Cyclocarya paliurus* leaf
基本信息	来源：胡桃科植物青钱柳（拉丁名称：*Cyclocarya paliurus*） 食用部位：叶
其他需要说明的情况	1. 食用方式：冲泡 2. 卫生安全指标应当符合我国相关标准

（十一）枇杷叶

中文名称	枇杷叶
拉丁名称	*Eriobotrya japonica*（Thunb.）Lindl.
基本信息	种属：蔷薇科、枇杷属 食用部位：叶
食用量	≤10 克/天
其他需要说明的情况	1. 孕妇、哺乳期妇女及婴幼儿不宜食用，标签、说明书中应当标注不适宜人群和食用限量 2. 卫生安全指标应当符合我国相关标准

（十二）湖北海棠叶

中文名称	湖北海棠（茶海棠）叶
拉丁名称	*Malus hupehensis*（Pamp.）Rehd. leaf
基本信息	种属：蔷薇科、苹果属 食用部位：叶

食用量	≤15 克/天
其他需要说明的情况	1. 食用方式：冲泡 2. 孕妇、哺乳期妇女及婴幼儿不宜食用，标签、说明书中应当标注不适宜人群 3. 卫生安全指标应当符合我国相关标准

（十三）显齿蛇葡萄叶

中文名称	显齿蛇葡萄叶
拉丁名称	*Ampelopsis grossedentata*
基本信息	来源：葡萄科蛇葡萄属显齿蛇葡萄 食用部位：叶
其他需要说明的情况	1. 食用方式：冲泡 2. 卫生安全指标应当符合我国相关标准

（十四）线叶金雀花

中文名称	线叶金雀花
拉丁名称	Aspalathus Linearis（Brum.f.）R.Dahlgren
基本信息	来源：南非的豆科（Leguminosae）植物 食用部位：叶子和细茎
其他需要说明的情况	1. 食用方式：冲泡 2. 卫生安全指标应当符合我国相关标准

（十五）茶树花

中文名称	茶树花
英文名称	Tea blossom
基本信息	来源：山茶科山茶属茶树 （Camellia sinensis（L.）O.Kuntze） 食用部位：花
其他需要说明的情况	卫生安全指标应符合我国相关标准

（十六）丹凤牡丹花

中文名称	丹凤牡丹花
拉丁名称	*Paeonia ostii* flower
基本信息	来源：丹凤牡丹 食用部位：花
其他需要说明的情况	卫生安全指标应当符合我国相关标准

（十七）杜仲雄花

中文名称	杜仲雄花
英文名称	Male flower of Eucommia ulmoides
基本信息	来源：人工种植的杜仲雄株树 食用部位：雄花
食用量	≤6 克/天
其他需要说明的情况	1. 婴幼儿、孕妇不宜食用，标签、说明书中应当标注不适宜人群 2. 卫生安全指标应符合我国相关标准

（十八）诺丽果浆

中文名称	诺丽果浆	
英文名称	Noni　Puree	
基本信息	来源：海巴戟天（Morinda citrifolia L.）的果实	
生产工艺简述	优选的诺丽果放置后熟、洗净、打浆、去皮籽、杀菌后，灌装密封	
质量要求	性状	含果肉的混浊液体
	可溶性固形物（20℃折光计法）	7.0%～9.0%
	pH	3.5～4.2
	水分	90%～93%
其他需要说明的情况	使用范围不包括婴幼儿食品	

（十九）阿萨伊果

中文名称	阿萨伊果
英文名称	Acai
基本信息	来源：棕榈科植物阿萨伊棕榈树（Euterpe oleraceae Mart.）的果实
其他需要说明的情况	卫生安全指标应符合我国相关标准

（二十）垂序商陆果

中文名称	垂序商陆果
拉丁名称	*Malus hupehensis* (Pam D.)Rehd.leaf
基本信息	来源：人工种植的商陆科商陆属垂序商陆（Phytolacca americana L.） 食用部位：果实
其他需要说明的情况	卫生安全指标应当符合我国相关标准

（二十一）裸藻

中文名称	裸藻
拉丁名称	Euglena gracilis
基本信息	种属：裸藻门、裸藻目、裸藻属
其他需要说明的情况	1. 使用范围不包括婴幼儿食品 2. 卫生安全指标应当符合我国相关标准

（二十二）盐藻及提取物

中文名称	盐藻及提取物
拉丁名称	*Dunaliella Salina（extract）*
基本信息	种属：绿藻门、团藻目、盐藻属
生产工艺简述	盐藻藻种经养殖、藻液净化、离心分离、洗盐脱水、提纯等工艺而制成的半流体或粉状产品
食用量	≤15毫克/天（以 β-胡萝卜素计）

续表

质量要求		盐藻	盐藻提取物
	性状	棕褐色粉末	棕黑色半流体
	胡萝卜素含量 （以 β-胡萝卜素计）	≥2%	≥8%
其他需要说明 的情况	1. 产品的胡萝卜素含量2%～8%，其标签、说明书标注为盐藻； 　产品的胡萝卜素含量≥8%，其标签、说明书标注为盐藻提取物 2. 使用范围不包括婴幼儿食品		

（二十三）狭基线纹香茶菜

中文名称	狭基线纹香茶菜
拉丁名称	Isodon lophanthoides（Buchanan-Hamilton ex D.Don）H.Hara var. gerardianus（Bentham）H.Hara
基本信息	来源：人工种植的狭基线纹香茶菜 种属：唇形科、香茶菜属
食用量	≤8 克/天
其他需要说明的 情况	1. 使用范围：茶饮料类 2. 婴幼儿、少年儿童及孕妇不宜食用，标签、说明书中应当标注不适宜人群和食用限量 3. 卫生安全指标应当符合我国相关标准

（二十四）奇亚籽

中文名称	奇亚籽
英文名称	Chia seed
基本信息	来源：唇形科鼠尾草属芡欧鼠尾草（拉丁名称：Salvia hispanica L.） 食用部位：种子
其他需要说 明的情况	1.使用范围不包括婴幼儿食品 2.卫生安全指标应当符合我国相关标准

（二十五）圆苞车前子壳

中文名称	圆苞车前子壳	
英文名称	Psyllium seed husk	
基本信息	来源：人工种植的车前科车前属圆苞车前（拉丁名称：Plantago ovata） 食用部位：种子外壳	
生产工艺简述	以圆苞车前种子外壳为原料，经碾磨后制得	
质量要求	性状	白色或浅褐色壳片或粉末
	膳食纤维含量（g/100g）	≥80
	水分（g/100g）	≤12
	灰分（g/100g）	≤4
其他需要说明的情况	使用范围不包括婴幼儿食品	

（二十六）库拉索芦荟凝胶

中文名称	库拉索芦荟凝胶	
拉丁名称	*Aloe Vera Gel*	
基本信息	来源：库拉索芦荟叶片 食用部位：凝胶肉	
生产工艺简述	以库拉索芦荟叶片为原料，经沥醊清洗、去皮、漂烫、杀菌等步骤制成	
使用范围	各类食品	
食用量	≤30 克/天	
不适宜人群	孕妇、婴幼儿	
质量要求	性状	无色透明至乳白色凝胶
	芦荟苷（mg/kg）	≤7.0
	多糖（mg/kg）	≥200.0
	O-乙酰基（mg/kg）	≥175.0
	pH	4.0~5.5

（二十七）表没食子儿茶素没食子酸酯

中文名称	表没食子儿茶素没食子酸酯	
英文名称	*Epigallocatechin Gallate（EGCG）*	
基本信息	来源：绿茶叶 结构式： 分子式：$C_{22}H_{18}O_{11}$ 分子量：458.4	
生产工艺简述	绿茶叶经提取、层析分离、蒸发浓缩、真空蒸馏、冷却、结晶、干燥等工艺而制成	
食用量	≤300 毫克/天（以 EGCG 计）	
质量要求	性状	灰白色至浅粉色粉末
	表没食子儿茶素没食子酸酯	≥94%（以干基计）
	咖啡因	≤0.1%
	干燥失重	≤5%
其他需要说明的情况	1. 使用范围不包括婴幼儿食品 2. 食品的标签、说明书中应当标注食用限量	

（二十八）竹叶黄酮

中文名称	竹叶黄酮
英文名称	*Bamboo leaf flavone*
基本信息	来源：禾本科刚竹属毛环竹（*Phyllostachys meyeri*）

续表

生产工艺简述	以竹叶为原料，经水提、萃取、浓缩、喷雾干燥等工艺制成	
食用量	≤2 克/天	
质量要求	性状	黄色或棕黄色粉末
	总黄酮（以芦丁计）（g/100g）	≥24
	总多糖（g/100g）	≥10
	总多酚（g/100g）	≥10
	碳水化合物（g/100g）	≥55
	水分（g/100g）	≤5
	灰分（g/100g）	≤4.5
其他需要说明的情况	1.使用范围不包括婴幼儿食品 2.卫生安全指标应当符合我国相关标准	

（二十九）叶黄素

中文名称	叶黄素
英文名称	Lutein
基本信息	来源：万寿菊花 结构式： CAS 号：127-40-2 分子式：$C_{40}H_{56}O_2$ 分子量：568.88
生产工艺简述	以万寿菊来源的油树脂为原料，经皂化、结晶、离心、干燥等工艺制成
食用量	≤10 毫克/天

续表

质量要求	性状	桔黄色至桔红色粉末
	叶黄素（g/100g）	≥74
	玉米黄质（g/100g）	≤8.5
其他需要说明的情况	1.在婴幼儿食品中使用应当符合相关标准的要求 2.卫生安全指标应当符合我国相关标准	

（三十）雨生红球藻

中文名称	雨生红球藻	
拉丁名称	*Haematococcus pluvialis*	
基本信息	种属：绿藻门、团藻目、红球藻属	
生产工艺简述	选育优良雨生红球藻藻种进行人工养殖，采收雨生红球藻孢子，经破壁、干燥等工艺制成	
食用量	≤0.8 克/天	
质量要求	性状	红色或深红色粉末
	蛋白质含量	≥15%
	总虾青素含量（以全反式虾青素计）	≥1.5%
	全反式虾青素含量	≥0.8%
	水分	≤10%
	灰分	≤15%
其他需要说明的情况	使用范围不包括婴幼儿食品	

（三十一）蛋白核小球藻

中文名称	蛋白核小球藻
拉丁名称	Chlorella pyrenoidesa
基本信息	种属：绿藻目、小球藻属
生产工艺简述	人工养殖的蛋白核小球藻经离心、洗涤、分离、干燥等工艺制成

续表

食用量	≤20克/天	
质量要求	性状	深绿至黑绿色粉末
	蛋白质（g/100g）	≥ 58
	水分（g/100g）	≤ 5
	灰分（g/100g）	≤ 5
其他需要说明的情况	1. 使用范围不包括婴幼儿食品 2. 卫生安全指标应符合我国相关标准	

第八章 微生物类新食品原料

一、概述

说到微生物，很多人先想到的是对人体有害的微生物，其实自然界存在很多有益微生物及其代谢产物，例如益生菌类，其主要功能是调节肠道菌群。微生物类新食品原料包括双歧杆菌属、乳杆菌属、链球菌属三大类益生菌，可添加在以乳制品为代表的多种食品中。

2011 年 11 月 3 日卫生部对已批准的可用于食品的菌种进行安全性评估，制定了《可用于婴幼儿食品的菌种名单》。所有婴儿不论母乳还是人工喂养，均需益生菌的保护：①益生菌有助于胃肠道微生态内环境修复；②益生菌可降低婴儿过敏性湿疹发生率。

但是必须引起关注的是，并不是所有的益生菌都可用于婴幼儿食品。目前可以用于婴幼儿食品（通常是配方粉）的仅限于下列 5 种：①嗜乳酸杆菌（Lactobacillus acidophilus），菌株号 NCFM；②动物双歧杆菌（Bifidobacterium animalis），菌株号 Bb-12；③乳双歧杆菌（Bifidobacterium lactis），菌株号 HN019，Bi-07；④鼠李糖乳杆菌（Lactobacillus rhamnosus），菌株号 LGG，HN001；⑤罗伊氏乳杆菌（Lactobacillus reuteri），菌株号 DSM17938。不同新食品原料的协同作用还可强化健康功能，如含有免疫球蛋白和低聚糖的营养组合物，免疫球蛋白可强化婴幼儿免疫系统，可向婴幼儿肠道内给予含有半乳寡聚糖的营养物，以降低婴幼儿呼吸道感染疾病的发病率。

此外，蛹虫草是接种蛹虫草菌种到培养基上进行人工培养，采收蛹虫草子实体，经烘干等步骤而制成。广东虫草子实体是广东虫草菌种经接种、培养，采收子实体后烘干制成。茶藨子叶状层菌发酵菌丝体是茶藨子叶状层菌（从金银花植株上分离）经接种培养、发酵、干燥、粉碎等步骤制得。雪莲培养物是选取雪莲离体组织，经脱分化形成的愈伤组织作为继代种子，给予一定条件进行继代培养而获得的团块状颗粒，或该颗粒经干燥粉碎得到的粉末。上述产品经培养获得，本书中也作为微生物类新食品原料。

二、可用于食品的菌种名单

序号	名称	拉丁名称
（一）	双歧杆菌属	*Bifidobacterium*
1	青春双歧杆菌	*Bifidobacterium adolescentis*
2	动物双歧杆菌（乳双歧杆菌）	*Bifidobacterium animalis*（*Bifidobacterium lactis*）
3	两歧双歧杆菌	*Bifidobacterium bifidum*
4	短双歧杆菌	*Bifidobacterium breve*
5	婴儿双歧杆菌	*Bifidobacterium infantis*
6	长双歧杆菌	*Bifidobacterium longum*
（二）	乳杆菌属	*Lactobacillus*
1	嗜酸乳杆菌	*Lactobacillus acidophilus*
2	干酪乳杆菌	*Lactobacillus casei*
3	卷曲乳杆菌	*Lactobacillus crispatus*
4	德氏乳杆菌保加利亚亚种（保加利亚乳杆菌）	*Lactobacillus delbrueckii* subsp. *Bulgaricus*（*Lactobacillus bulgaricus*）
5	德氏乳杆菌乳亚种	*Lactobacillus delbrueckii* subsp. *Lactis*
6	发酵乳杆菌	*Lactobacillus fermentum*
7	格氏乳杆菌	*Lactobacillus gasseri*
8	瑞士乳杆菌	*Lactobacillus helveticus*
9	约氏乳杆菌	*Lactobacillus johnsonii*
10	副干酪乳杆菌	*Lactobacillus paracasei*
11	植物乳杆菌	*Lactobacillus plantarum*
12	罗伊氏乳杆菌	*Lactobacillus reuteri*
13	鼠李糖乳杆菌	*Lactobacillus rhamnosus*
14	唾液乳杆菌	*Lactobacillus salivarius*

序号	名称	拉丁名称
（三）	链球菌属	*Streptococcus*
	嗜热链球菌	*Streptococcus thermophilus*
（四）	乳球菌属	*Lactococcus*
1	乳酸乳球菌乳酸亚种	*Lactococcus Lactis subsp. Lactis*
2	乳酸乳球菌乳脂亚种	*Lactococcus Lactis subsp. Cremoris*
3	乳酸乳球菌双乙酰亚种	*Lactococcus Lactis subsp. Diacetylactis*
（五）	丙酸杆菌属	*Propionibacterium*
	费氏丙酸杆菌谢氏亚种	*Propionibacterium freudenreichii subsp. Shermanii*
（六）	明串球菌属	*Leuconostoc*
	肠膜明串珠菌肠膜亚种	*Leuconostoc mesenteroides subsp. Mesenteroides*
（七）	马克斯克鲁维酵母	*Kluyveromyces marxianus*
（八）	片球菌属	*Pediococcus*
1	乳酸片球菌	*Pediococcus acidilactici*
2	戊糖片球菌	*Pediococcus pentosaceus*

注：（1）传统上用于食品生产加工的菌种允许继续使用。名单以外的、新菌种按照《新食品原料安全性审查管理办法》执行。（2）可用于婴幼儿食品的菌种按现行规定执行，名单另行制定

三、可用于婴幼儿食品的菌种名单

序号	菌种名称	拉丁名称	菌株号
1	嗜酸乳杆菌*	*Lactobacillus acidophilus*	NCFM
2	动物双歧杆菌	*Bifidobacterium animalis*	Bb-12
3	乳双歧杆菌	*Bifidobacterium lactis*	HN019
			Bi-07
4	鼠李糖乳杆菌	*Lactobacillus rhamnosus*	LGG
			HN001
5	罗伊氏乳杆菌	*Lactobacillus reuteri*	DSM17938

*仅限用于 1 岁以上幼儿的食品

四、2008 年以来卫生主管部门公告批准的微生物类新食品原料名单

序号	名称	拉丁名/英文名	备注
1	蛹虫草	*Cordyceps militaris*	2009 年 3 号公告 2014 年 10 号公告
2	广东虫草子实体	*Cordyceps guangdongensis*	2013 年 1 号公告
3	茶藨子叶状层菌发酵菌丝体	Fermented mycelia of *Phylloporia ribis*（Schumach：Fr.）Ryvarden	2013 年 1 号公告
4	雪莲培养物	Tissue culture of Saussurea involucrata	2010 年 9 号公告

五、典型微生物类新食品原料特征

（一）马克斯克鲁维酵母

中文名称	马克斯克鲁维酵母
拉丁名称	*Kluyveromyces marxianus*
其他需要说明的情况	1. 批准为可食用菌种 2. 卫生安全指标应当符合我国相关标准

（二）嗜酸乳杆菌

中文名称	嗜酸乳杆菌	
拉丁名称	*Lactobacillus acidophilus*	
基本信息	来源：乳品培养物 种属：嗜酸乳杆菌 菌株号：R0052	
生产工艺简述	嗜酸乳杆菌经发酵培养、离心、冻干等步骤生产而成	
使用范围	保健食品原料	
质量要求	性状	冷冻干燥粉末
	嗜酸乳杆菌活菌数	$\geq 100 \times 10^9$ CFU/g
	水分	$\leq 5\%$

（三）副干酪乳杆菌

中文名称	副干酪乳杆菌	
拉丁名称	*Lactobacillus paracasei*	
基本信息	来源：健康人体胃肠道 种属：副干酪乳杆菌 菌株号：GM080、 GMNL-33	
生产工艺简述	副干酪乳杆菌经发酵培养、离心、急速冷冻、干燥、包装等步骤生产而成	
使用范围	乳制品、保健食品、饮料、饼干、糖果、冰淇淋，但不包括婴幼儿食品	
质量要求	性状	冷冻干燥粉末
	副干酪乳杆菌活菌数	$\geqslant 2.0 \times 10^9$ cfu/g
	水分	$\leqslant 8.0\%$

（四）植物乳杆菌

中文名称	植物乳杆菌	
拉丁名称	*Lactobacillus Plantarum*	
基本信息	来源：脱水的发酵牛乳 种属：植物乳杆菌 菌株号：299v	
生产工艺简述	植物乳杆菌经发酵培养、离心、冻干等步骤生产而成	
使用范围	乳制品、保健食品，但不包括婴幼儿食品	
质量要求	性状	冷冻干燥粉末
	植物乳杆菌活菌数	$\geqslant 100 \times 10^9$ CFU/g
	水分	$\leqslant 5\%$

（五）植物乳杆菌

中文名称	植物乳杆菌
拉丁名称	*Lactobacillus Plantarum*
基本信息	来源：健康婴儿粪便 种属：植物乳杆菌 菌株号：CGMCC NO.1258

续表

生产工艺简述	植物乳杆菌经发酵培养、离心、冻干等步骤生产而成	
使用范围	饮料类、冷冻饮品、保健食品	
质量要求	性状	冷冻干燥粉末
	植物乳杆菌活菌数	$\geqslant 5.0 \times 10^9 \text{CFU/g}$
	水分	$\leqslant 6.0\%$

（六）罗伊氏乳杆菌

中文名称	罗伊氏乳杆菌
拉丁名称	Lactobacillus reuteri
其他需要说明的情况	1. 批准可用于婴幼儿食品 2. 卫生安全指标应当符合我国相关标准

（七）鼠李糖乳杆菌

中文名称	鼠李糖乳杆菌	
拉丁名称	*Lactobacillus rhamnosus*	
基本信息	来源：脱水的发酵牛乳 种属：鼠李糖乳杆菌 菌株号：R0011	
生产工艺简述	鼠李糖乳杆菌经发酵培养、离心、冻干等步骤生产而成	
使用范围	保健食品原料	
质量要求	性状	冷冻干燥粉末或颗粒
	鼠李糖乳杆菌活菌数	$\geqslant 100 \times 10^9 \text{ CFU/g}$
	水分	$\leqslant 5\%$

（八）清酒乳杆菌

中文名称	清酒乳杆菌
拉丁名称	*Lactobacillus sakei*
其他需要说明的情况	1.拟批准为可食用菌种 2.卫生安全指标应当符合我国相关标准

（九）副干酪乳杆菌副干酪亚种

中文名称	副干酪乳杆菌副干酪亚种
拉丁名称	*Lactobacillus paracasei* subsp.paracasei
其他需要说明的情况	1. 拟批准为可食用菌种 2. 卫生安全指标应当符合我国相关标准

（十）产丙酸丙酸杆菌

中文名称	产丙酸丙酸杆菌
拉丁名称	*Propionibacterium acidipropionici*
其他需要说明的情况	1. 批准为可食用菌种 2. 卫生安全指标应当符合我国相关标准

（十一）乳酸片球菌

中文名称	乳酸片球菌
拉丁名称	*Pediococcus acidilactici*
其他需要说明的情况	1.批准为可食用菌种 2.卫生安全指标应当符合我国相关标准

（十二）戊糖片球菌

中文名称	戊糖片球菌
拉丁名称	*Pediococcus pentosaceus*
其他需要说明的情况	1. 批准为可食用菌种 2. 卫生安全指标应当符合我国相关标准

（十三）蛹虫草

中文名称	蛹虫草
拉丁名称	*Cordyceps militaris*
基本信息	来源：人工培养的蛹虫草子实体 种属：子囊菌亚纲、麦角菌科、虫草属
生产工艺简述	接种蛹虫草菌种到培养基上进行人工培养，采收蛹虫草子实体，经烘干等步骤而制成
其他需要说明的情况	1.婴幼儿、儿童、食用真菌过敏者不宜食用，标签、说明书中应当标注不适宜人群 2.卫生安全指标应当符合我国相关标准

（十四）广东虫草子实体

中文名称	广东虫草子实体
拉丁名称	*Cordyceps guangdongensis*
基本信息	来源：人工培养的广东虫草子实体 种属：子囊菌亚纲、麦角菌科、虫草属
生产工艺简述	广东虫草菌种经接种、培养，采收子实体后烘干制成
食用量	≤3 克/天
其他需要说明的情况	1. 婴幼儿、儿童及食用真菌过敏者不宜食用，标签、说明书中应当标注不适宜人群 2. 卫生安全指标应符合应我国相关标准

（十五）茶藨子叶状层菌发酵菌丝体

中文名称	茶藨子叶状层菌发酵菌丝体
拉丁名称	Fermented mycelia *Phylloporia ribis*（Schumach：Fr.）Ryvarden
基本信息	来源：茶藨子叶状层菌，也称金银花菌
生产工艺简述	茶藨子叶状层菌（从金银花植株上分离）经接种培养、发酵、干燥、粉碎等步骤制得
食用量	≤50 克/天
其他需要说明的情况	1.婴幼儿、儿童及食用真菌过敏者不宜食用，标签、说明书中应当标注不适宜人群和食用限量 2.卫生安全指标应当符合我国相关标准要求

（十六）雪莲培养物

中文名称	雪莲培养物
英文名称	Tissue culture of Saussurea involucrata
基本信息	来源：菊科植物天山雪莲（Saussurea involucrata）的愈伤组织
生产工艺简述	选取雪莲离体组织，经脱分化形成的愈伤组织作为继代种子，给予一定条件进行继代培养而获得的团块状颗粒，或该颗粒经干燥粉碎得到的粉末
食用量	鲜品≤80 克/天、干品≤4 克/天
不适宜人群	婴幼儿、孕妇

		鲜品	干品
质量要求	性状	紫红色团状颗粒	紫灰色粉末
	蛋白质	≥1%	≥20%
	总黄酮	≥0.4%	≥7%
	水分	≤96%	≤10%
	灰分	≤1%	≤10%
其他需要说明的情况	标签、说明书中应当标注不适宜人群和建议食用量		

参 考 文 献

国家药典委员会. 2015. 中华人民共和国药典（第一部）. 北京：中国医药科技出版社.

胡叶梅，韩军花，杨月欣. 2011. 脂类新资源食品应用研究. 中国卫生监督杂志，18（1）：45-50.

阚建全，段玉峰，姜发堂，等. 2009. 食品化学. 北京：中国计量出版社.

李家实，贾敏如，万德光，等. 1998. 中药鉴定学. 上海：上海科学技术出版社.

张昕怡. 2005. 从新资源食品到新食品原料的制度变迁与应对. 农家科技（下旬刊），10：380.

钟英，刘凌，黄玲，等. 2016. 新食品资源系列. 北京：中国轻工业出版社.

朱婧，张立实，杨月欣. 2011. 蛋白质类新资源食品比较研究. 中国卫生监督杂志，18（1）：55-59.

附录 A

附录 A-1　常见氨基酸名称、符号、相对分子质量、溶解度及熔点

名称	英文缩写	单字母符号	相对分子质量	溶解度 （25℃，G·L⁻¹）	熔点（℃）
丙氨酸（Alanine）	Ala	A	89.1	167.2	279
精氨酸（Arginine）	Arg	R	174.2	855.6	238
天冬酰胺（Asparagine）	Asn	N	132.2	28.5	236
天冬氨酸（Aspartic acid）	Asp	D	133.1	5.0	269～271
半胱氨酸（Cysteine）	Cys	C	121.1	0.05	175～178
谷氨酰胺（Glutamine）	Gln	Q	146.1	7.2	185～186
谷氨酸（Glutamic acid）	Glu	E	147.1	8.5	247
甘氨酸（Glycine）	Gly	G	75.1	249.9	290
组氨酸（Histidine）	His	H	155.2	41.9	277
异亮氨酸（Isoleucine）	Ile	I	132.2	34.5	283～284
亮氨酸（Leucine）	Leu	L	131.2	21.7	337
赖氨酸（Lysine）	Lys	K	146.2	739.0	224
甲硫氨酸（Methionine）	Met	M	149.2	56.2	283
苯丙氨酸（Phenylalanine）	Phe	F	165.2	27.6	283
脯氨酸（Proline）	Pro	P	115.1	1620.0	220～222
丝氨酸（Serine）	Ser	S	105.1	422.0	228
苏氨酸（Threonine）	Thr	T	119.1	13.2	253
色氨酸（Trytophan）	Trp	W	204.2	13.6	282
酪氨酸（Tyrosine）	Tyr	Y	181.2	0.4	344
缬氨酸（Valine）	Val	V	117.1	58.1	293

附录 A-2　常见单糖英文名称及英文缩写

中文名称	英文名称	英文缩写
葡萄糖	Glucose	Glu
果糖	Fructose	Fru
半乳糖	Galactose	Gal
阿拉伯糖	L-Arabinose	Ara
甘露糖	Mannose	Man
木糖	Xylose	Xyl
鼠李糖	L-rhamnose monohydrate	Rha

附录 B

附录 B-1　中华人民共和国食品安全法
附录 B-2　新食品原料安全性审查管理办法
附录 B-3　新食品原料申报与受理规定和新食品原料安全
　　　　　性审查规程
附录 B-4　预包装食品标签通则
附录 B-5　卫生主管部门对新食品原料的有关说明、通知、公告、批复、
　　　　　复函等文件

扫一扫